하루, 수학

Rest

이정훈 지음

머리말

이 책을 쓰면서 하루, 하루 수학과 벗할 수 있어 즐거웠습니다.

몸이 아파 글을 잇지 못할 때도 수학은 언제나 제 곁에 머물러 주었습니다. 친절했고 따사로웠습니다. 힘들고 지친 저에게 수학이 다가와 위로의 말을 전했습니다.

"느릿하고 느슨하게 이 길을 완주해 보렴. 이 추운 세상, 입김을 불어서라도 언 마음 녹이면 된단다. 그 작은 따스함에도 봄은 움틀 거야. 그대가 꽃처럼 피어날 인생의 봄이야. 계속해 살아가는 것, 그거면 충분해. 그대다운 삶이야."

수학에 관한 책이지만, 개인적 의견이 많고 풀이와는 거리가 멉니다. 수와 식이 가지는 의미를 우리 삶 속 경계와 관계, 공간과 시간에 비추어 보며 글을 이어갔습니다. 이 책이 저처럼 더딘 누군가에게 선한 벗으로 동행하길 희망합니다.

끝으로 이 책을 출간하기까지 한결같이 응원해 주시고 공감으로 세상을 밝게 열어 가시는 티앤씨재단 김희영 이사님께 감사의 마음을 전합니다.

Ph. D. 이정훈

목 차

머리말

1. 다항식	6
2. 나머지	9
3. 인수분해	12
4. 실수	16
5. 복소수	20
6. 방정식	24
7. 일차방정식	27
8. 이차방정식	30
9. 판별식	33
10. 비에트 정리(근과 계수의 관계)	36
11. 함수	40
12. 최대 최소	44
13. 고차방정식	47
14. 연립방정식	51
15. 부등식	55
16. 수열	59
17. 경우	63
18. 평면좌표	65
19. 직선	73
20. 원의 방정식	78
21. 평면 이동	80
22. 집합	83
23. 교환법칙과 결합법칙	87
24. 명제 조건	89
25. 명제 증명	92
26. 함수와 그래프	98
27. 합성함수와 역함수	103
28. 다항함수	107
29. 유리함수	110
30. 무리함수	117
31. 지수	120
32. 로그	122
33. 상용로그	125
34. 지수함수와 로그함수	131
35. 지수방정식과 로그방정식	136
36. 지수와 로그 크기 비교	140

37. 삼각함수	**144**
38. 삼각함수의 성질	**150**
39. 삼각함수의 그래프	**154**
40. 삼각함수 방정식과 부등식	**158**
41. 사인법칙과 코사인법칙	**160**
42. 등차수열	**167**
43. 등비수열	**171**
44. 수열의 합	**174**
45. 수학적 귀납법	**178**
46. 함수의 극한	**181**
47. 함수의 연속	**185**
48. 미분계수	**187**
49. 미분계수와 접선 기울기	**191**
50. 함수의 증가와 감소	**195**
51. 최대와 최소	**199**
52. 미분방정식과 미분부등식	**203**
53. 속도와 가속도	**206**
54. 부정적분	**211**
55. 정적분	**215**
56. 정적분 넓이	**219**
57. 속도와 거리, 그리고 위치	**223**

58. 경우의 수	**226**
59. 순열	**228**
60. 조합	**231**
61. 이항정리	**233**
62. 확률	**236**
63. 확률의 합	**239**
64. 확률의 곱	**241**
65. 확률 분포	**244**
66. 정규 분포	**248**
67. 모평균	**251**
68. 모비율	**254**
69. 포물선	**257**
70. 타원	**260**
71. 쌍곡선	**263**
72. 벡터와 스칼라	**266**
73. 벡터 내적	**269**
74. 벡터방정식	**273**
75. 공간과 도형	**276**
76. 전개	**280**
77. 공간 좌표와 공간 벡터	**283**

01
다항식

다항식은 단항식이 모여진 식이다. 단항식부터 시작해 보자.

> 단항식은 수나 문자의 곱으로 이루어진 식으로, 다항식 중에서 한 개의 항으로만 이루어진 식이다. 그 하나의 항은 계수와 변수, 상수로 이루어진다
>
> 출처 : 위키피디아, 단항식

【단항식의 예】 $7xy$

예시로 들은 단항식은 숫자 7이라는 계수와 x, y라는 변수 또는 상수가 서로 곱해진 꼴이다.

정의가 필요한 단어가 많다. 계수, 변수, 상수의 말뜻을 차근히 들여다보자.

계수는 셀 수 있는 수를 말한다. 인간사에 빗대면 눈에 보이는 것일 수 있다.

다음으로 x, y라는 기호로 된 변수 또는 상수를 살펴보자. 변수는 변하는 성질을 포함하고, 상수는 변치 않으려는 속성을 가지고 있다.

계수, 변수, 상수를 연결하는 관계를 바라보자. 곱셈이다. 서로 단단히 곱해져 있다. 곱을 해서 나오는 건 공간이다. 초등학교 산수 시간에 배웠다.

- 정사각형의 면적을 구하는 식 : 가로 x 세로
- 정육면체의 부피를 구하는 식 : 가로 x 세로 x 높이

서로를 곱해보니 새로운 공간이 만들어진다.
단항식은 우리가 살아가는 이 공간을 수식으로 표현한다. 이 식 안에는 계수와 변수, 상수 즉, 보이는 것과 변하는 것 그리고 변치 않는 것들이 담겨 있다. 예시를 들어보자.

뱃속에서 산수를 다 뗀 신생아가 세상에 나왔다.
갓 세상에 나온 아기는 주변을 둘러본다. 자신이 어떠한 공간, 즉 산부인과 출산 방에 있다는 것을 알게 된다. 아기는 놀란 마음을 추스르고, 다시 주변을 둘러본다. 하나, 둘, 셋, 넷. 거대한 형체 4개가 보인다.
그중 하나가 말한다. "아가야 고마워."
다음 형체가 말한다. "아기야, 아빠야."
나머지 둘이 대화한다.
"아이가 건강해서 다행이야.", "원장님 수고하셨어요." 등등.
아기는 상황을 파악하려 주변을 둘러본다. 눈이 부시다. 눈부신 무언가가 아기를 비추고 있다. 하나둘 하면서 셀 수 있는 꼴이 아니다.
아기는 기분이 이상하다. 슬프고 아프다. 알 수 없는 액체가 눈에서 흘러내리고, 자기도 모르게 성대를 통해 이 느낌을 전달한다. 눈에 보이지 않지만, 뱃속에서 느낄 수 없는 큰 힘이 자기를 누르고 밑으로 끌어당기는 것 같다. 그 힘의 느낌이 일정하다. 더 강하지도 약하지도 않게 똑같은 힘이 누르고 있다. 중력이

라 말하는 우주 상수를 느낀 것이다.

 창밖을 본다. 아까는 밝았는데, 지금은 좀 어둑하다. 아기는 배가 고프다. 힘내어 울음을 터트린다. 아기를 달래며 엄마가 젖을 물린다. 세상의 첫날이다.

 앞서 우리는 단항식이 계수, 변수, 상수 곱에 의한 공간임을 직감했다.
계수란 셀 수 있는 것들이다.
변수는 변하는 것들이다.
상수는 이와 반대로 변하지 않는 것들이다.
 이 세상은 드러나서 알 수 있는 것과 아직 드러나지 않는 것으로 채워져 있다. 드러난 것은 셀 수 있다. 그리고 변하거나 변치 않을 수도 있다. 드러나지 않은 것 역시 마찬가지다.

 단항식은 아기가 세상에 나와 처음 만난 공간과 대상들을 차분히 설명한다. 이제 다항식을 바라보자.
$7xy + 2xy^2 + \cdots + \cdots$
단항식을 계속 더했다.

 앞서 아기는 산부인과에 있다고 했다. 출산 방에 있던 아이는 신생아실로 이동한다. 그리고 다시 엄마와 함께 입원 방으로 옮긴다. 아이는 자신의 공간이 확장되고 변화되는 것을 느낀다.
다항식의 연산은 공간과 공간이 합하고 변화되는 모습을 나타낸다.
 이제 첫발을 뗀 것이다. 같이 걸어가 보자.

02
나머지

나머지는 몫을 채우고 남은 부분을 이르는 말이다.

> 나머지(*remainder*)는 산술에서 두 정수의 나눗셈 이후, 온전한 정수 몫으로 표현할 수 없이 남은 양을 가리킨다
> 출처 : 위키디피아, 나머지

$A = (B \times C) + R$

이 식에서 R은 나머지다. 풀어보면 A라는 공간이 있다. 이 공간은 $B \times C$로 이루어진 공간에 R 만큼의 공간을 더하거나 빼내면 같은 모양이 된다.
공간 간의 위치를 조금 바꿔보자

$A = R + (B \times C)$

역시, 하나의 공간이란 무언가를 채운 후 나머지를 이용해 빼거나 더한 모양

새다. 나머지가 먼저인지, 나머지를 제외한 공간이 먼저인지 알 수는 없다.

나머지가 먼저 만들어진 경우라고 생각해 보자.

멋진 집이 있다. 불행히도 불이 났다. 모조리 탔다. 그런데 그 밑바닥에 초석이 남아있다. 초석은 그 공간의 배열과 크기를 정하는 기초다. 초석 위치를 정하고 건물을 세운다. 나머지라는 기초가 먼저 있어야 공간이 만들어진다.

나머지가 다 만들어진 후 남은 상태라고 생각해 보자.

멋진 집을 짓는다. 설계도가 있다. 맘에 드는 크기의 벽돌을 주문한다. 벽돌을 하나씩 놓아 기둥을 만들고 벽도 쌓는다. 문도 지붕도 만들어 본다. 내가 주문한 벽돌로 다 채웠으면 좋겠다. 공사가 다 끝나 보니 조금 남았다. 지난번엔 조금 모자랐다. 다음엔 딱 맞게 주문해야지….

나머지가 먼저라면 운명의 문제다. 활용하면서 살아보자.
나머지가 나중이라면 욕망의 문제다. 조절하면서 살아보자.

나머지 또한 공간이기 때문에 크거나 작게 된다. 물론 상대적이다. 나머지가 커야 할 때도 있고 없어야 할 때도 있다. 나머지의 공간은 공허하기도 하고 가득 차 있기도 하다.

나머지는 있을 수도 있고 없을 수도 있다. 나머지가 있는 경우에는 나누는 수, 즉 나누려는 공간의 단위에 따라 크거나 작게 된다. 세상사 모두 그렇듯이 좋고 나쁨은 없다. 상황과 쓸모에 따라 쓰면 된다.

(나머지가 음수인 경우) 요 벽돌로 이만큼을 쌓고 요만큼은 잘라내야 됩니다.

(나머지가 양수인 경우) 요 벽돌로 이만큼을 쌓고 요만큼은 더해야 합니다.
(나머지가 0인 경우) 요 벽돌로 이만큼만 쌓으면 딱 맞습니다.

공간을 이루는 3가지 경우다. 넘치거나 딱 맞거나 모자라다.
삶도 그렇다. 넘치거나 딱 맞거나 모자란다. 운명과 욕망이란 면에서 누구나 나머지를 가지고 태어난다. 그리고 자기만의 몫을 찾기 위해 꿈을 택한다. 우리는 성공을 큰 몫을 차지하는 것으로만 생각한다. 하지만 몫이 좀 작더라도 나머지가 작은 것도 충만할 터이다.
넘침과 부족함을 오가며 균형 잡힌 충만함에 다가가기 위해 나머지 정리를 이용해 보는 건 어떨까. 나머지가 주어진 운명이라면 활용하고 욕망이라면 조절하면 된다. 결정은 항상 그렇듯 그대 몫이다.

03
인수분해

인수분해라는 단원을 대부분 중학교 때 배운다. 복습하는 의미로 인수분해라는 말부터 사전에서 찾아보자.

> 인수분해(*factorization*)는 주어진 정수 또는 다항식을 인수들의 곱셈 형식으로 만드는 것이다.
> 출처: 위키디피아, 인수분해

【인수분해】 $x^2 + 7x + 12 = (x+3)(x+4)$

【전개】 $(x+3)(x+4) = x^2 + 7x + 12$

글자와 기호로 된 정의를 보고 있지만, 그 의미를 알기가 쉽지 않다. 시각적인 꼴이 떠오르지 않기 때문이다. 수식을 단순하게 만들어 생각을 이어 보자. 우리가 기계적으로 배운 인수분해다.

$P = x^2 + 2ax + a^2$

$Q = (x+a)(x+a)$

서로의 관계를 조금 더 단순히 해보자.

P를 Q로 만드는 것을 인수분해라고 한다. 거꾸로 Q를 P로 바꾸는 것은 전개라고 한다.

전개라는 말을 사전에서 찾아보면 "열리어 나타난다."라는 의미가 있다. 전개는 상자를 풀어 그 안의 선물더미를 푸는 셈이다. 차곡하게 쌓여 있는 걸 늘어놓은 상태다. 분해라는 말은 "낱낱이 나눈다."는 뜻이다.

나눠 보니 질서가 보인다. 다시 차곡히 쌓인 상태다. 이로써 Q와 P는 같은 물건을 정갈히 쌓아 놓거나 열린 곳에 풀어 놓는 차이가 있을 뿐 같은 의미라는 걸 알 수 있다.

【전개】 상자에 많은 선물이 있었다. 상자를 열었다. 선물을 펼쳐 놓았다. 마음이 들뜬다.

【인수분해】 선물을 차곡히 쌓아 본다. 아래쪽은 장난감, 위쪽은 학용품이다. 한 눈에 알아보기 쉽다.

전개가 인수분해고 인수분해가 전개가 되는 시간의 흐름을 자유롭게 다녀보자. 다른 듯 닮아있다.

$x^2 + 2ax + a^2$은 전개된 상태다. 예를 들면, 선물이 바닥에 서로 맞닿은 채 널브러져 있는 모양이다. 이것이 어떻게 널브러져 있는지 정리하니 $(a + x)(a + x)$로 인수분해된다. 밑변은 $x + a$로, 높이 역시 $x + a$로 구성된 정사각형 평면의 꼴로 공간을 차지하고 있음을 알 수 있다.

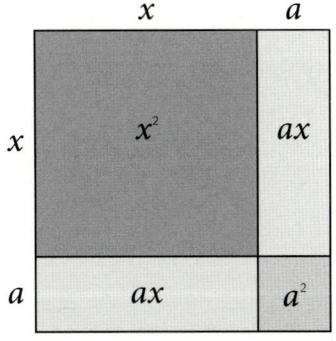

앞서 우리는 인수라는 단어부터 분해, 전개라는 단어를 사용했지만, 그 쓰임의 이유를 알지 못했다. 정리해 보자. 왜 전개하고 왜 인수분해를 하는 것인가. 딱딱한 숫자와 말랑한 이야기를 연결해 보자.

어느 날 가난한 청년이 복권에 당첨되었다. 돈이 수중에 들어오자 집 없는 설움을 한 번에 털어 버리려는 듯 집을 사러 부동산에 갔다.
부동산 중개인이 물었다. "어느 정도 크기면 되겠습니까?"
청년이 답했다. "한 $100\,m^2$면 됩니다."
부동산 중개인이 다시 묻는다.
"어떤 모양의 집을 원합니까? 여기서 한번 골라 보시지요."
청년이 여러 집 모양의 조감도를 보았다. 외벽의 형태와 주변 지형지물까지 세세하게 볼 수 있었다.

A 모델 - 정사각형 모양
B 모델 - 가로가 긴 직사각형 모양
C 모델 - 세로가 긴 직사각형 모양

청년은 내부 구조를 보고 싶었다. 집안을 살펴볼 수 있도록 자세히 설명해 달라고 부탁했다. 부동산 중개인은 다음 장을 넘겨보라고 했다. 청년은 다음 장에서 모델하우스 평면도를 보았다.

A 모델 - 가로 $10\,m$ 세로 $10\,m$
B 모델 - 가로 $50\,m$ 세로 $2\,m$
C 모델 - 가로 $4\,m$ 세로 $25\,m$

집이 어떤 모양인지 청년은 대충 상상해 보았다.

A 모델 - 아름다움이 가득한 집
B 모델 - 편안함이 숨 쉬는 집
C 모델 - 건강함을 지켜주는 집

청년은 어떤 집을 샀을까? 이야기를 마무리하려면 그가 어떤 집을 샀느냐로 끝맺어야 한다. 하지만 수학으로 바라보면 이 청년이 어떻게 생각을 전개하고 있는지가 중요하다.

청년이 생각을 전개한 과정이다. 조감도로 멋지게 그려진 집들에 관한 설명 자료를 본 그는 궁금증이 생긴다. 다음 장, 다음 장을 전개하면서 집의 꼴을 알게 된다. 인수분해된 정보를 바탕으로 원하는 집을 선택한다. 인수분해된 집과 전개된 집은 같은 꼴이다. 거꾸로 해도 마찬가지다. 토마토, 역삼역, 우영우!

청년은 생각을 전개하고 인수분해하면서 꼴을 알아간 뒤 최종 선택을 한다. 이렇듯 인수분해가 가지는 강력함은 그 꼴이 어떠한 모양을 가지게 되는지 정확히 알 수 있다는 점이다.

우리 주변을 보자. 알고는 있지만, 정확히 어떤 성질을 가지고 어떻게 구성되어 있는지 모르는 경우가 많다. 그래서 과자 봉지에 과자를 인수분해한 성분 함량을 나열한 것이다. 이유는 하나다. 이 성분 함량을 보고 먹을지 말지를 결정하라는 것이다. 인수분해를 할 수 있다는 것은 좋은 선택을 하는 데 큰 도움이 된다.

그대에게 전개된 삶을 인수분해해보자. 좋고 나쁨은 없다. 자신의 꼴을 알게 된다. 그것이 마음에 드는가? 그러면 계속 전개하라. 바꾸고 싶은가? 인수를 바꿔보자. 우리는 그것을 좋은 습관이라고 부르자. 지금부터 수학하는 습관은 어떠한가?

04
실수

셈을 해보자. 하나 두울 세엣.

딱히 셀 수 없는 것도 세는 방법이 있다. 많다, 적다 등.

우리가 세어보고자 하는 모든 것을 실수라는 바구니에 담는다. 바구니 안을 보니 유리수와 무리수가 채워져 있다.

유리수는 어느 정도 예측 가능한 법칙이 있는 수다. 분모와 분자로 표기된다. 끝이 있거나 끝이 없어도 반복되는 꼴이다. 질서 있고 정갈하다. 무리수는 예측하기 어려운 수다. 끝이 무한하다. 변화도 무쌍하다. 아직 질서와 법칙이 밝혀지지 않은 수들이다.

유리수와 무리수를 우리가 사는 공간 속에 꺼내 놓아 보자.

유리수란 공간은 제법 질서가 잡혀있다. 가지런히 놓인 그곳의 작은 공간을 정수라고 이름 붙여 보자. 정수라는 공간은 서로 맞닿아 있다. 1, 2, 3, 4. 경계가 명확하다. 따라서 관계도 이어져 있다. 어릴 때 처음 배운 산수는 이런 가지런한 공간을 다루는 연습이었다.

정수와 정수 사이의 최소 경계는 1이다. 하지만 0과 1 사이에도 무수히 많은 수가 있다. 이 경계를 넘나드는 수들 중에 그나마 끝이 보이는 공간은 유한소수, 끝이 보이지 않지만 규칙적으로 경계를 오가는 수를 무한소수라고 부른다. 따라서 유리수의 공간은 끝이 있거나 없어도 제법 가지런한 질서가 있다. 무리수는 끝이 보이지 않는 공간이면서도 질서를 알기 힘들다. 수학어로 "비순환 무한소수"라고 부른다.

이 공간의 꼴은 삐뚤삐뚤, 들쭉날쭉하다. 어디까지 길이 이어져 있는지 알기도 어렵다. 예측할 수 없다. 사람의 마음 같다. 굳건한 듯 보이다가 이내 딴맘을 품고 이리로 갈까 저리로 갈까 헤매는 모습이다. 언뜻 무질서한 듯 보이지만, 함께 모이면 질서 있게 가지런하다. 무리수 중 우리가 평면에서 보는 가장 완전한 형태가 있다. 바로 동그라미, 원이다.

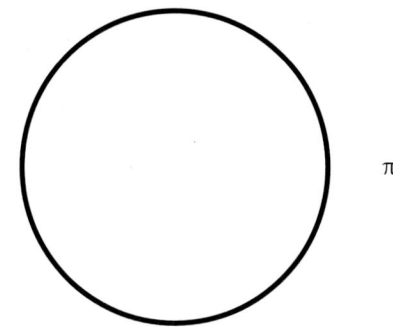

π = 3.1415926535897932384626433832795028841971693……

파이(π)는 반지름이 정수의 기본 단위 1인 원의 면적이다. 무리수의 대표 격인 이 원주율을 구하기 위해 컴퓨터가 만들어지기 전 평생을 원주율의 끝을 보고자 노력한 수학자도 있었다. 무질서에서 질서를 만드는 신비한 숫자이다.

인간은 패턴 사고를 한다. 원시 시대부터 피아(彼我)를 분별하기 위해 시각을 많이 활용했다. 사람에게 눈은 요즘 말로 두뇌 속 뉴런에 입력을 담당하는 기관이다. 패턴을 통해 얼굴을 분별하고 위험한 짐승과 험한 날씨의 징조를 예측한다. 다른 종보다 특별히 나은 신체적 조건이 없지만, 패턴을 파악하는 능력이 있어 만물의 영장으로 진화했다.

인간이 어떻게 세상을 바라보는가에 관한 질문에 실수의 체계는 좋은 답변이 될 수 있다. 우리는 셀 수 있는 것들에 대해 가지런한지 아닌지를 보고, 가지런하다면 그것이 한정적인지 열려 있는지를 본다. 가지런하지 않은 것들은 열려 있다고 보지만, 그것의 꼴을 들여다보고 그 속에서도 가지런한 무언가를 찾고 또 분류해서 본다. 공간의 관계를 잇고 끊고 닫고 열면서 경계를 넘나든다.

서로 반대되는 게 아니라 서로 지탱하는 무언가를 찾아보고자 한다. 혼돈에서 질서로 가지만, 질서를 다하면 다시 혼돈으로 떠난다. 삶과 죽음의 순환이 수에서 이뤄진다면 무한소수 → 순환소수 → 유한소수 → 정수 → 유한소수 → 순환소수 → 무한소수의 여행이 될 테다.

셀 수 없는 세포가 끊임없는 진동을 통해 계속 분열한다. 무한소수이자 순환소수다. 태반에 자리 잡은 태아는 점점 커나가고 열 달을 지나 탄생한다. 유한소수이며 정수다. 아기는 성장하고 어른이 된다. 그리고 노화를 맞게 되고, 계속 뛸 것 같던 심장의 횟수가 다한다. 정수이자 유한소수다. 몸 안의 세포는 바이러스를 통해서 끊임없이 분열되고, 결국 흙으로 돌아가 셀 수 없는 무언가가 된다. 순환소수이자 무한소수다.

지금 정수에서 무한소수로 간들 덧없다고 생각하지 말자. 질서가 무질서로 가는 것이 우리의 숙명이니까. 그리고 순환할 것이 분명하니까.

잠시 다른 이야기를 하나 해보자.

유클리드 기하학의 공리는 점과 점 사이에 직선은 오직 하나라는 것이다. 이를 확대해 보자. 선과 선 사이에 맞닿은 점은 몇 개일까? 하나다. 면과 면 사이에 맞닿은 선은 몇 개일까? 역시 하나다. 공간과 공간 사이 접하는 면은 몇 개일까? 역시 하나다. 유클리드 기하학의 공리가 뿌리가 되어 계속 뻗어나가는 꼴이다.

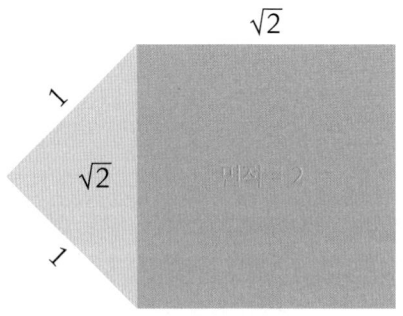

피타고라스 정리 $a^2 + b^2 = c^2$

평면은 닫힌 공간이다.

그 닫힌 공간을 이루는 제곱근을 보자. 유리수일 수도 무리수일 수도 있다. 그리고 그런 셀 수 없이 끝없는 공간을 더해 보니 질서 있는 하나의 공간을 이루고 있다. 무한한 것이 유한해지고, 유한한 것을 나누면 무한해지는 제법 난해한 세상이다.

수학은 이런 세상의 마법을 조금은 엄격한 수의 경계로 해석하고 있다. 풀이는 겸손하지만, 때론 해답은 단호하다. 자연은 이러한 수학에 호락호락하지 않다. 하지만 조금씩 숨겨진 진리를 내보여 준다. 용기에 대한 배려라고나 할까? 용기 있는 자가 수학을 얻으리라.

05
복소수

옛날 사람들은 지구가 평평하다고 믿었다. 세상의 끝이 있고, 그 끝엔 모든 걸 집어삼키는 공간이 있다고 봤다. 하지만 하늘은 다르게 생각했다. 둥글다고 보았다. 그리고 순환함을 느꼈다.

먼저 달의 모습이 바뀌는 것을 기록했다. '삭', '초승', '상현', '보름', '하현', '그믐', 그리고 다시 '삭'으로 이어지며 비고 찼다. 약 30일이 안 되는 주기였다. 이를 월(月)이라고 불렀다.

다음으로 봄, 여름, 가을, 겨울처럼 날씨와 계절이 변화하는 일정한 주기를 발견했다. 한 달을 기준으로 15일에 한 번씩 변화가 나타났다. 열두 달이 지나니 그 변화가 다시 반복되었다. 1개월에 두 번 변했다. 12개월에는 스물네 번 변화가 생긴 셈이다. 각각 '입춘', '우수', '경칩', '춘분', '청명', '곡우', '입하', '소만', '망종', '하지', '소서', '대서', '입추', '처서', '백로', '추분', '한로', '상강', '입동', '소설', '대설', '동지', '소한', '대한'이라고 이름을 붙이고 24절기(節氣)라고 불렀다. 우리가 지금도 쓰고 있는 음력이다.

평평한 땅 위에 둥그런 질서가 같이 놓였다. 손에 잡히는 땅과는 다르게 저 하늘의 별은 손으로 잡아서 따올 수 없었다. 끊임없이 변했고, 때론 보였다가 때로는 사라졌다. 지구 위를 회전하면서 땅 위 시간과 계절을 변화시키고 있었다. 달과 지구의 관계만 보면 그렇게 생각하는 게 당연했다.

나중에 수학자들은 숫자 역시 다른 차원에서 이동할 수 있다고 생각했다. 그러한 수를 허수라고 말했다. 한자로 허(虛)는 언덕 위에 굴처럼 빈 공간을 말한다. 둥글게 비어 있는 상태다. 하늘과 같은 성질이다. 실수(實數)가 땅을 오가는 수라면 허수(虛數)는 하늘처럼 회전하는 수가 된다.

실수를 제곱하면 양수(+)가 된다.

$1 \times 1 = 1$

$-1 \times -1 = 1$

양수든 음수든 마찬가지다. 실수 공간은 선형이다. 위와 아래, 또는 앞과 뒤밖에 없다. 선이다. 1차원이다. 하지만 허수(i)를 제곱하면 음수가 된다.

$i \times i = -1$

제곱해서 음수가 되는 수는 실수에 속하지 않는다. 다른 차원에 존재한다. 실수 체계는 1차원에 존재한다. 가로축이거나 세로축 둘 중 하나다. 가로와 세로 두 개의 일차원을 더해보자. 이차원이다. 허수를 사용하니 차원이 더해진다. 더해진 차원에서 수를 회전 이동시킨다. 보름달이 지평선과 마주칠 때가 실수의 공간이라면, 하늘에 둥글게 떠오를 때가 허수의 공간이다. 둥글고 비어 보이지만 하늘 위 공간이 더해져 회전하며 이동했다. 수도 마찬가지로 실수 공간인 1

차원에서 허수를 통해 2차원 평면 공간으로 뻗어 나간다.

복소수는 이 허수와 실수가 합쳐진 모양이다.
복소수 $a + bi$ (실수 a, 순허수 bi)
실수부(a)에 허수부(bi)가 더해졌다.

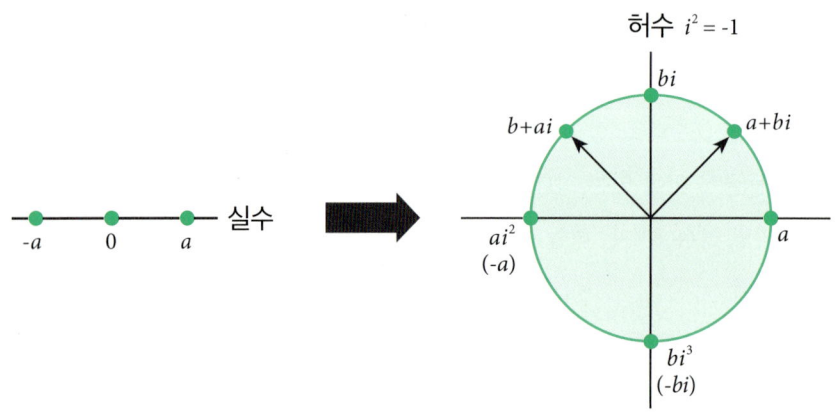

i
$i^2 = -1$
$i^3 = i^2 \times i = -i$
$i^4 = i^2 \times i^2 = 1$
$i^5 = i^4 \times i = i$

좌표평면에서 회전하는 것을 이해하기 위해 실수와 허수가 합쳐진 모습을 상상

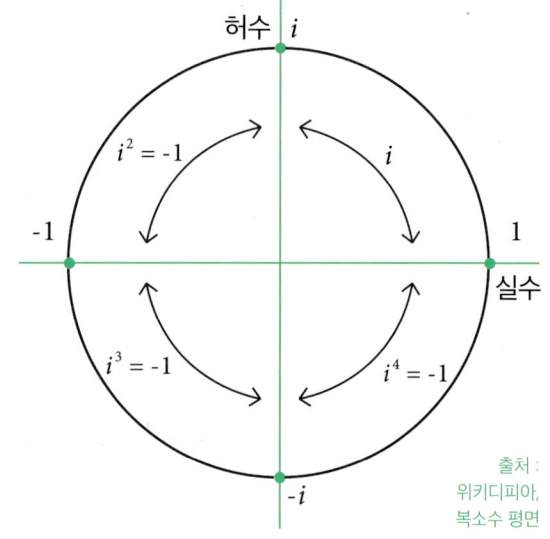

출처 : 위키디피아, 복소수 평면

해 보자. 땅과 하늘이 함께 자리한다. 그리고 변화를 만들어 간다.

가우스의 복소수 평면을 통해 우리는 수가 운동(회전)하는 모습을 볼 수 있다.

지구를 중심으로 달이 공전하고 태양을 중심으로 지구가 공전하듯, 은하를 중심으로 태양이 공전하는 것처럼 수가 회전하는 모습을 볼 수 있다. 복소수가 아름다운 것은 숫자의 운동을 시각적으로 보여준다는 점이다.

우리가 있는 우주는 평평하지 않다. 마찬가지로 공간을 표현하는 수의 운동 역시 점과 점의 이동만은 아니다. 공간을 자유롭게 비상하는 새들처럼 수의 몸짓도 우아하고 신비하다. 복소수는 공간의 운동을 말한다. 공간이 이동하는 경로에 대해 우리의 사고를 확장해 준다. 복소수가 있어야만 공간이 이동하는 경로를 자세히 볼 수 있다. 지구가 평평하지 않다는 것이 지금은 당연한 이야기지만 받아들이는 데 수천 년이 걸렸다. 복소수도 16세기 이후에나 수학자들이 발견한 수의 특성이다.

복소수를 통해 공간이 어떤 과정을 거쳐 이동하는지 알게 되었다. 비로소 우주 밖으로 나갈 수 있는 채비를 마친 것이다. 넓디넓은 우주에서 방향을 잃지 않고 궤도를 따라 목적지로 가기 위해 우리는 복소수를 벗삼아야 한다. 당신이 갈 곳이 아무리 아득해도 인생의 나침반 복소수를 가지고 있다면 반드시 그곳에 닿을 수 있을 테다.

06
방정식

다항식에는 항등식과 방정식이 있다.

항등식 : $x + x = 2x$ 　　　　方정식 : $x + x = 2$

양 식의 미지수 x 값에 자연수를 하나씩 대입해 보자.

미지수 x에 0을 대입했을 경우
항등식 : $0 = 0$ (참)　　　　방정식 : $0 = 2$ (거짓)

미지수 x에 1을 대입했을 경우
항등식 : $1 + 1 = 2$ (참)　　　　방정식 : $1 + 1 = 2$ (참)

미지수 x에 2을 대입했을 경우
항등식 : $2 + 2 = 4$ (참)　　　　방정식 : $2 + 2 = 2$ (거짓)

미지수 x에 3을 대입했을 경우

항등식 : 3 + 3 = 6 (참)   방정식 : 3 + 3 = 2 (거짓)

항등식은 미지수 x의 값이 변해도 서로 같다는 등식이 성립된다. 그러나 방정식은 미지수 x가 1일 경우에는 등식이 성립되지만, 다른 값일 경우 거짓이 된다.

우리는 x의 값만 바꾸었다. 즉, x에 관해서만 어떤 변화를 준 상태다.

이를 x에 관한 항등식, x에 관한 방정식으로 표기한다.

x만 변화했기 때문에 'x에 관한'이라는 표현을 쓰는 셈이다.

지금까지 식을 시각화하면서 수학을 이해해 보았다. 이번에도 그 꼴을 하나씩 보자.

항등식과 방정식은 공간과 공간의 경계와 관계를 설명하고 있다. 그 안에 단항식 또는 다항식의 꼴을 가지고 있다. 단항식은 보이거나 보이지 않는 어떠한 물질과 힘이 차 있는 공간이다. 그리고 다항식은 그러한 공간이 연결된 꼴이다.

항등식의 공간
한 공간과 다른 공간이 동일하다고 본다. 한쪽이 변화되면 다른 쪽도 변화된다. 그 모양도 똑같다.

방정식의 공간
한 공간과 다른 공간이 동일하다고 본다. 한 쪽이 변화되고 있지만, 다른 쪽은 변하지 않는다. 하지만 어떤 경우에 단 한 번 모양이 같아지는 경우가 생긴다.

항등식의 공간과 방정식의 공간, 그 안에서 어떤 일들이 일어나고 있는 걸까? 항등식이든 방정식이든 관계식이다. 저 관계가 있기 위해서는 어떠한 경계가 있어야 한다. 항등식이 가지고 있는 경계는 무엇이고, 방정식이 가지고 있는 경계는 어떠한지 살펴보자.

x에 관한 항등식은 경우에 따라 늘거나 줄어드는 꼴을 가진다. 그들의 경계는 물질적이다. 늘고 줄 수 있기 때문이다. 눈을 많이 모아 뭉치면 큰 눈사람이 되는 식이다.

x에 관한 방정식은 맞거나 틀리거나 하는 꼴을 가진다. 그들의 경계는 시간이다. 흡사 연애와 같다. <지금은 맞고 그때는 틀리다>라는 영화처럼.

항등식은 물질이란 경계, 방정식은 시간이란 경계를 가지고 있다. 따라서 항등식은 물질의 관계, 방정식은 시간의 관계로 볼 수 있다. 항등식과 방정식은 시공에 대해 서로 같은 듯 다른 꼴을 지니면서 수학 기호로 표현되어 있다.

한순간 그 시공은 만난다. x가 1일 때이다. 공간과 시간이 만나는 그 찰나, 우리가 지금 있는 시간, 지금 이 순간이다.

공간에 시간을 더했다. 그리고 지금 이 순간, 시간과 공간이 만나는 찰나를 느꼈다. 눈을 뜬 것이다.

07
일차방정식

　세상살이는 공간과 시간이 촘촘히 엮인 구조다. 조금 더 맞닿은 느낌으로 표현하자면, 공간은 조건으로 시간은 사건으로 볼 수 있다. 이러한 조건과 사건이 얼개를 맺을 때 우리는 각자의 감정을 느낀다. 인간이 어떤 사건에 대해 느끼고 생각하는 일들은 감정, 즉 운동의 형태로 나타나기도 한다. 어쩌면 사건이란 공간에서 파생된 이성 조건과 감정 운동이 서로 만나고 있음을 의미하지 않을까?

　수학은 방정식이라는 개념으로 지금 이 순간 오롯이 느껴지는 감정 즉, 운동과 이를 감싸는 조건과 물질을 담고 있다. 물질도 감정을 가지고 있을까? 그리스의 피그말리온 신화를 보면 인류는 사물에도 감정이 깃들 수 있다고 믿은 것 같다. 나무, 동물, 바위 등 자연 신을 믿는 샤먼 의식도 그러한 영향으로 생겨났을지도 모른다.

　어떤 물체가 있다. 그리고 그 물체는 속성들을 가지고 환경에 반응해 감정, 즉 운동이라는 것을 하게 된다. 그리고 그 운동은 시간에 따라 변한다. 물질 내 속성이 외부 환경에 따라 운동하는 그 순간을 사건이라고 부를 뿐이다.

우리는 항등식을 공부했다.

$x + x = 2x$와 같이 x의 값이 변해도 등식은 참이 되는 성질을 지닌다. 변하는 무언가지만 어떠한 x에도 그 변화의 답은 늘 참이다. 사람이 태어나고 늙고 병들어 죽음으로 가는 여정도 이렇게 설명할 수 있다. 변하지만 일정한 법칙이 있고 연속되는 물질세계를 압축해서 보여주는 듯하다.

방정식을 보자.

$x + x = 2$

이 식에서 변화가 가능하지만 정확히 알 수는 없는 수를 미지수라고 한다. 또한 변화가 가능하기에 'x에 관한 방정식'이라고 말한다. 갑작스레 방정식이라고 한 것에 놀라지 말자. 앞서 우리는 항등식은 공간 즉 환경, 방정식은 시간 즉 사건이라고 유추했다. x라는 미지수에 따라 어느 한순간 일어난 사건이다. 아직 미지수는 하나였다.

외로움을 달래기 위해 두 개의 미지수로 식을 만들어 보자.

$x + x = 2$

$y + y = 2$

x와 y, 두 개의 미지수가 이 사건의 주인공이다. x가 사건의 중심인지를 따져보고 y가 사건을 주도했는지도 따져 봐야 한다. 먼저를 x에 관한 방정식, 다음을 y에 관한 방정식이라고 한다.

무대가 펼쳐졌다. 그런데 투 톱 버디 영화처럼 둘 다 주인공이라면?

$x + y = 2$

이를 x, y에 관한 방정식이라 표현한다. 그리고 이 사건을 일으킨 두 미지수를 조사하는 과정에 관한 해를 구한다고 말한다.

방정식을 풀면 어떤 일이 일어날까? 어떤 시점에 어떤 일이 일어났는지 예상하거나 알아낼 수 있다. 아래로 예를 들어 보자.

"기차가 10시에 서울역을 출발했다. 이 기차가 시속 $300km$일 때 30분 뒤 지나온 거리는?"

항상 이런 문제를 접할 때 우리 머릿속에는 하필 서울역에서 왜 기차를 타서 내 머릿속을 어지럽게 하는 것이며, 굳이 30분 뒤 지나온 거리를 알려는지 이해하기 힘들 테다. 하지만 저런 문제를 풀다 보면 속도와 각도, 거리와 시간과 같은 경계가 어느 한순간 아름다운 관계를 맺고 이러한 사건을 만드는 것이 신기하기도 하다.

세상에는 설명할 수 있는 것과 없는 것이 있다.

밝혀진 명제와 아직 밝혀지지 않은 명제가 있다고 보자. 수학은 밝혀진 명제를 통해 아직 밝혀지지 않은 명제를 찾아내는 과정이다. 우리에게 참인 명제가 과거라면 아직 밝혀지지 않은 명제는 미래일 것이다. 미래가 어떨지 점을 보기도 하지만, 방정식을 풀어 보는 것도 좋을 것 같다. 수학은 늘 참인 명제로 우리를 데려다주니까.

08
이차방정식

방정식을 어느 한순간이란 사건으로 보자.

평소 공부도 하지 않던 아들 녀석, 운동회 달리기를 하자 물 만난 듯 선두를 치고 나선다. 그리고 골인! 아빠는 들뜬 마음에 그 순간을 사진 찍는다. 사진관에 현상을 맡긴다. 큼지막하게 뽑아서 아들 방에 걸어 놓는다.

"제목 : 공부도 이만큼 해봐라!"

아들 표정이 그다지 좋진 않다. 그래도 행복하다.

시간을 건너뛰어서 오늘날로 와본다. 똑같이 달리기를 한다. 부모님이 스마트폰으로 녹화한다. 뛸 때부터 골인할 때까지 사건들이 연속해서 담긴다. 카카오톡으로 멀리 계시는 할머니 할아버지도 이 장면을 함께 본다. 할아버지가 카톡 메시지를 보낸다.

"지 아버지랑 똑 닮았네!"

사진과 영상의 차이는 그다지 없다. 사진을 계속 이어 붙인 게 영상이다. 개별 사건을 이어 붙여 여러 사건이 하나의 연속된 사건처럼 보일 뿐이다.

일차방정식이 사진이라면, 이차방정식 이상은 필름이다. 영화를 처음 본 사람들이 놀라 소동했던 것처럼 수학 세계에도 이러한 놀라움이 있었을까? 한 발 내디뎌 이차방정식의 세계로 가보자.

우리는 $x = 3$이라는 일차방정식 하나의 사건에서 $x^2 = -3$이라는 이차방정식 두 개의 사건이 이어져 있는 공간으로 와있다. 일차방정식이 한순간에 하나의 사건을 말한다면, 이차방정식은 한순간 또는 비슷한 시간대에 두 가지 사건이 동시에 일어나는 셈이다. 사건은 운동의 결과다. 다시 말하면, 수가 운동한 흔적이다. 수가 이동한 꼴로 볼 수 있다.

복소수를 사용해 보자.

$x^2 = -3$

$x^2 = 3 \times -1$

$x^2 = 3 \times i^2$ (복소수 $i^2 = -1$)

$\sqrt{x^2} = \sqrt{3 \times i^2}$

$x = \pm\sqrt{3} \times \sqrt{i^2}$

$x = \pm\sqrt{3}\,i$

복소수를 사용해서 보니 평면의 공간에서 대칭된 형태로 사건이 발생하였다는 것을 알 수 있다. 복소수의 꼴을 가지고 있는 걸로 봐서 수평 운동과 수직 운동이 함께 이뤄지는 포물선 모양으로 이동했을 거다.

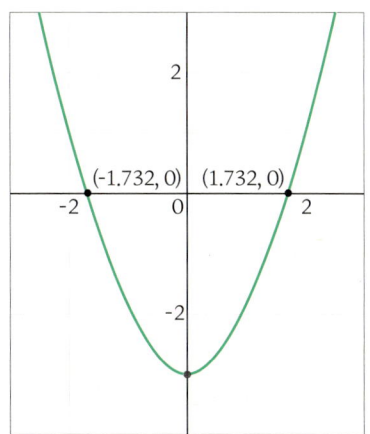

이차원 방정식 해는 두 개다. 오르고 내리는 궤도 위의 두 가지 사건을 나타내고 있다.

낮과 밤이다. 하지와 동지다. 마주보며 웃는 서로다. 복소수를 이용할 때 서로에게 다가가는 자취다. 포물은 던져서 내려오는 자취다. 서로 사랑하는 마음을 건네고 받는 모양이다. 마주보면 방긋 웃는 사이다. 친절함을 건네면 배려로, 증오를 건네면 분노로 답하는 방정식이다. 무엇을 건넬지는 그대 몫이다. 이차방정식이 그 힘을 발휘할 때다.

09
판별식

    상상해 보자. 당신은 아름다운 풍경을 보고 있다. 사각거리는 풀잎 소리, 푸드덕 날아가는 새, 멀리서 엉금엉금 걷는 새끼 고양이, 넓은 벌판의 큰 나무 그리고 따사로운 햇볕, 구름이 지나는 자리에 펼쳐진 그림자. 평안한 느낌이 가득하다.

    눈을 들어 태양을 보라. 눈이 부셔 아무것도 볼 수 없을 것이다.
    집안으로 들어가 두꺼운 이불을 뒤집어쓰고 있어 보라. 어둠 속에 갇혀 아무것도 볼 수 없을 것이다. 막막하고 답답하다.

    달리는 차 안에서 멀찍이 사라져 가는 풍경을 보라. 어둠이 있던 자리에 빛이 오고 빛이 스미던 자리는 금세 어두워진다. 이 자리에 있던 것이 저 자리로 가는 듯 보이지만, 사실 이 자리에 있던 내가 저 자리로 가는 것이기도 하다. 두렵기도 하고 설레기도 한다.

빈번히 일어나는 이런 일상의 날들과 수학은 어떤 관계가 있을까?

이차방정식은 하나의 공간에 두 개 이상의 사건이 공존하는 상태다. 따라서 그 순간 이차방정식에서 발생되는 두 가지 사건은 다음과 같이 전개된다.

$f(x) = ax^2 + bx + c$
판별식 $(D) = b^2 - 4ac$

출처 : 위키디피아, 판별식

판별식 기호는 D다. 이 부분이 어떻게 변화하느냐에 따라서 공간에서 일어나는 일을 설명할 수 있을 것이다.

$D > 0$ 이면 두 개의 실근을 갖게 된다. (여럿이 겹침)
$D = 0$ 이면 하나의 실근만 갖게 된다. (하나로 겹침)
$D < 0$ 이면 두 개의 허근을 갖게 된다. (분리됨)

실근을 지니는 경우는 한낮 따스한 햇살 아래 벤치에 앉아 주변 풍경을 보는 것과 비슷하다. 내가 풍경이 되어 있다. 같은 공간에 겹쳐져 있다.
중근을 갖는 경우는 태양을 보거나 이불을 뒤집어쓴 꼴과 유사하다. 경계가 없으므로 관계도 없다. 어둠 단 하나다.
허근을 지니는 경우는 차 안에서 창밖을 보는 것과 비슷하다. 안과 밖의 경계가 분명하다. 즉, 차와 풍경은 완벽히 분리되어 있다.

삶의 공간에서 지금 이 순간 일어나는 사건들이 이차방정식 안에 차곡히 담겨있다. 지구는 초속 $463m$로 자전 운동을 한다. 시속 $1,670km$ 정도의 속도다. 고속철도보다 5배 이상, 여객기보다 2배 이상 빠르다. 음속을 넘어선 이 회전

공간에서 우리는 다양한 사건을 경험한다.

그래서일까? 살아가면 갈수록 나와 남의 경계가 희미해지고, 나와 너의 관계도 밋밋해진다. 그러다 경계가 사라지면 관계도 같이 사라진다. 헤어짐, 퇴직, 죽음이 이런 꼴이다. 그렇지만 늘 그렇듯 머물지만은 않는다. 다시 새로운 일상 속에서 경계를 세우고 관계를 맺는다.

살아가는 과정이 그렇다. 마하 1보다 더 빠른 이곳에서 우리 또한 지구에 매달려 함께 운동한다. 그리고 매 순간, 이 운동의 결과로 변화되는 감정을 느낀다. 지금 이 순간 당신의 삶 속 이차방정식을 판별해 보자.

10
비에트 정리(근과 계수의 관계)

비에트 정리는 근과 계수와의 관계를 설명한다. 이차방정식은 근과 계수를 가지고 있다. 이 둘은 관계가 있다. 지금껏 관계에 대해 탐구한 우리의 노력이 헛되지 않았음을 증명한다. 하지만 근과 계수 간 어떤 관계가 있다는 것인지 모호하긴 마찬가지다.

이차방정식이라는 공간에서 근은 x축 또는 y축과 만나는 점이다. 만나기 위해선 움직여야 한다. 즉, 근은 어떠한 사건이 한 방향으로 진행하거나 정지해 있던가 또는 변화(회전)하는 중임을 의미한다. 계수는 눈에 보이고 셀 수 있는 것들이다. 손에 잡히고 눈에 보이는 전부를 일컫는다. 이를 조금 더 단순화해 보자.

계수 = 사물

근 = 움직임(변화)

사물과 움직임의 관계라고 정리했다.

이차방정식은 두 개의 근을 가지고 있다. 하나를 α, 나머지를 β라고 해보자.

두 근을 더할 수도 곱할 수도 있는데, 더한다는 의미와 곱한다는 의미를 다시 생각해 보자.

【두 근의 합】　　$\alpha + \beta$

1) 두 공간이 펼쳐진 모양을 위에서 보았을 때

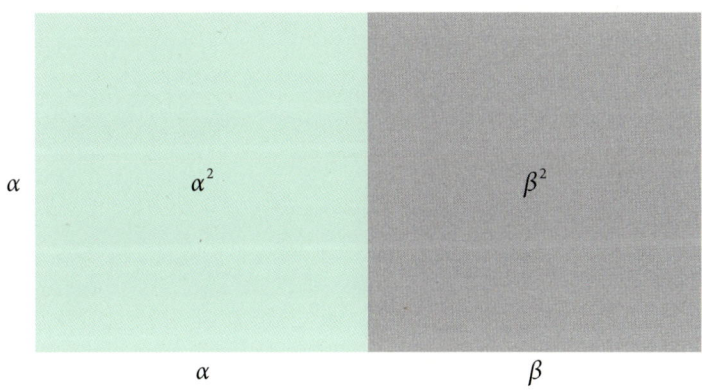

α^2 = 공간의 너비 $(\alpha + \alpha)$

β^2 = 공간의 너비 $(\beta + \beta)$

$\alpha^2 + \beta^2$ = 두 공간이 펼쳐진 모양을 위에서 보았을 때 합

2) 두 공간이 펼쳐진 모양을 바닥(측면)에서 보았을 때

$\alpha + \beta$ = 두 공간이 펼쳐진 바닥의 합
　　　시선을 90°로 회전하여 보았을 때 꼴로, 두께가 없는 선의 길이

위에서 보았느냐 바닥에서 보았느냐 등 시점을 바꾸어 보니 둘 다 공간의 합

인 것을 알 수 있다. 그동안 위에서 바라본 공간을 그 공간이 뉘어져 있는 바닥으로 눈을 낮추니 또 다른 합으로 보인다. 공간을 움직인 게 아니라 시점을 움직였다. 복소수의 운동을 내가 경험한 것이다. 즉, 관찰자인 우리가 수가 되어서 수의 운동을 체험해 보았다. 이로써 $α + β$ 역시 관찰자 시선의 변화에 따라 달라진 공간의 합이라는 걸 알았다. 그렇다면 두 근의 곱은 무엇일까?

【두 근의 곱】 $αβ$

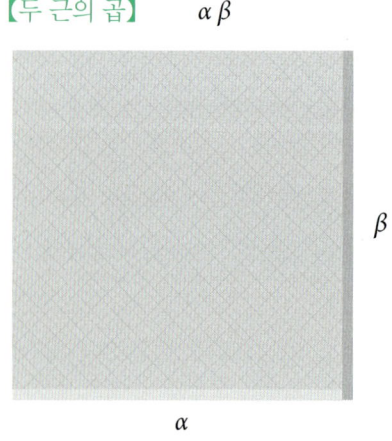

맞닿아 있는 한 면을 90°로 휘었다. 그리고 새로운 공간을 만들었다. 하나의 공간을 복소수를 통해 회전시킨 모양새다.

관찰자의 시선을 회전하기도 하고, 맞닿은 공간을 회전도 해보았다. 공간 자체는 그대로였지만, 바라보는 시선에 따라 꼴이 달라지거나 공간을 회전함으로써 보이는 꼴 역시 달라지는 경우다. 보이는 모양이 달라질 뿐 사물의 관계는 그대로다. 공간에 채워진 무언가를 계수라고 보자. 저 공간의 계수는 달라질 것이 없다. 보는 시선이 달라지고 공간의 위치가 잠시 옮겨졌을 뿐이다.

이차방정식에서 비에트 정리, 즉 근과 계수의 관계는 이렇다.

이차방정식 $ax^2 + bx + c = 0$ 에서 두 근을 x_1, x_2 라고 할 때

두 근의 합 $x_1 + x_2 = -\dfrac{b}{a}$

두 근의 곱 $x_1 x_2 = -\dfrac{c}{a}$

출처 : 위키디피아, 비에트정리(근과 계수와의 관계)

즉, 두 근의 합도 두 근의 곱도 비율임을 알 수 있다. 두 경우 모두 a 가 분모다. 분자만 b 와 c 로 서로 다르다. 결국, 두 근의 합과 곱은 분자 값만 차이난다. 이 차이가 공간이 펼쳐져 있는지(두근의 합) 접혀 있는지(두근의 곱)를 말해준다.

두 근의 합은 타인의 입장에서 바라보는 내 위상의 변화다. 평판, 명성, 직위 등과 비슷하다. 좋거나 나쁘거나, 둘 중 하나다. 두 근의 곱은 내 입장에서 자신을 바라보는 위상의 변화다. 기쁨, 슬픔, 행복, 불안 등과 같다. 넘치거나 딱 맞거나 모자란다. 내면을 채우는 무언가를 통해서 얼마든지 변화될 수 있다.

두 근의 합이든 두 근의 곱이든, 공간 자체가 바뀐 것이 아니라 바라보는 시점 또는 공간의 위치가 이동되었다는 것을 알게 되었다. 위상만 바뀌었을 뿐 그 안을 채우고 있는 내용은 바뀐 게 없다.

우리도 가끔 위상이 바뀐다. 사원에서 과장 그리고 부장. 운 좋게 사장까지 가기도 한다. 그러다 퇴직하고 평범한 노인, 중환자실에 누운 환자가 되기도 한다. 위상과 위치는 바뀌지만, 그대로인 것도 있다. 내 안에 채워진 어떤 비율이다.

지금 그대의 계수를 따져보고 그 비율을 조정해 보자. 사회적 평판은 a 가 클수록 좋다. 감정의 기복은 a 가 작을수록 좋다. a 를 어쩔 수 없다면, b 를 작게 하거나 c 를 크게 하는 것도 방법이다. 내 안을 채우는 세 가지 계수의 크기를 조절하면 그대를 둘러싼 공간의 위상이 지니는 가치도 함께 변한다.

그대를 채우고 있는 것과 그 비율을 찬찬히 바라보자. 가야 할 길이 조금은 더 선명히 보일 것이다.

11
함수

함수가 무엇일까?

> 함수(*function*)는 어떤 집합의 각 원소를 다른 어떤 집합의 유일한 원소에 대응시키는 이항관계이다
> 출처: 위키디피아, 함수

연인이 서로 사랑했다. 결혼하고 아이가 생겼다. 아이를 키우며 어떠한 법칙이 있다는 것을 느꼈다.

아이는 한 살 두 살 나이를 먹을수록 키가 자랐다. 얼마나 클지 궁금했던 부모는 아이의 생일날마다 키를 재어 보았다. 그리고 이것을 공책에 적었다.

나이 (x, 정의역)	한 살	두 살	세 살	네 살	다섯 살
키 (y, 공역)	50cm	60cm	70cm	80cm	90cm

부모는 나이와 키가 서로 영향을 주는 결정된 관계라고 생각했다. 키 성장에 가장 영향을 많이 주는 게 나이라는 것도 알게 되었다.

나이는 이미 알고 있는 정보다. 매년 생일상을 차려주니 잊어버릴 리 없다. 그러나 키는 측정해야 한다. 따라서 도메인 즉, 정의역은 나이로 볼 수 있다. 나이가 정의역이 되니 측정해야 하는 키는 그 영향을 받아 공역이 된다.

기록을 통해 해마다 $10cm$씩 크고 있음을 알았다. 나이(x)는 정의역($domain$)이다. 키가 크는 원인이다. 키(y)는 공역($codomain$)이다. 나이를 먹은 결과다.

나이가 키에 주는 관계를 가만히 보고, 하나의 함수를 만들었다.

$y = 10x + 40$

이제 부모는 6살에 아이의 키가 얼마가 될지 알게 되었다. $100cm$ 정도일 것이다.

'이대로 계속 커 거인이 되면 어쩌지?' 부모는 걱정이 되었다. 그래서 자녀보다 나이가 많거나 적은 주변 아이들에 관한 나이(정의역)와 키(공역)의 원소들을 대응시키며 나이가 키에 영향을 주는 관계를 알아보았다. 다행히 대부분이 18살 전후로 더 이상 크지 않고, 30살부터는 키가 조금씩 줄어든다는 사실을 알게 되었다. 안심이 되었다. 부모는 이러한 데이터를 모아 함수를 만들었다.

이후 부모는 아이마다 환경이 조금씩 다르고 몸집도 차이나는 것에 주목했다. 어느 나이대가 되면 키가 더 이상 크지 않고 되레 줄어드는 것도 고려했다. 그리고 그것을 바탕으로 다시 새로운 함수를 만들었다.

함수는 결국 공간에서 일어나는 사건이 모인 꼴이다. 즉, 방정식이라는 사건이 모여서 함수가 만들어진다. 함수는 방정식의 집합이라고 볼 수 있다. 따라서 함수의 성질은 함수를 가득 채우고 있는 이차방정식의 성질을 그대로 따른다. 이차방정식은 두 개 내지 하나의 근을 가진다. 따라서 이차함수도 두 개 내지 하나의 근을 가진다. 이차방정식의 근은 실수의 영역과 허수의 영역으로 나뉜다. 이차함수도 마찬가지다.

이차함수 정의역과 원소의 관계를 그래프로 그려볼 수 있다.

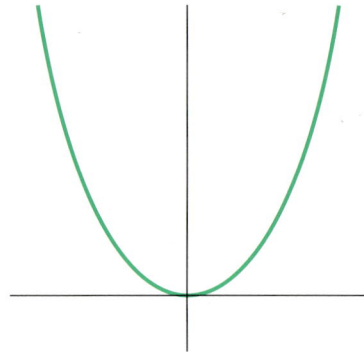

이 그래프는 x 축에서만 만난다. 그렇다면 x 축은 무엇을 의미할까? 함수의 입장에서 볼 때, 그냥 지금 이 순간이라고 해두자.

왜 값이 두 개인가? 키가 컸다 작았다 한단 말인가?
허수의 공간에서 값이 두 개가 나오는 상황은 무엇인가?

음수는 세상에 드러나지 않는다. 사과 하나(1)는 눈에 보여도, 사과 음수 하나(-1)는 눈으로 볼 수 없다. 그래서 허수다. 하지만 함수 공간에서는 눈에 안 보이는 허수들을 명확히 볼 수 있다. 벤저민 버튼의 <시간은 거꾸로 간다>는 허수와 같은 상황이 실제 세상에 있을 수 있다는 전제로 영화가 전개된다.

허수는 공간의 이동을 설명한다. 변화하는 무언가다. 키가 자라며 아이에서 어른으로 성장하고, 노인이 되어 병약해지는 삶의 궤적을 표현한다.
태어나다. 자라나다. 장성하다. 늙다. 영면하다.
세상에 늘 있지만, 계측하기 어렵다. 그렇게 느끼는 것이다. 변화하는 중임을 아는 것이다.

우리는 좌표축이 고정되어 있는 걸로 배웠고, 그렇게 함수를 풀었다. 하지만 사실 그래프는 그대로이고, 도리어 좌표축이 이동하고 있는지도 모른다. 우리는 현재를 기준으로 세상을 바라보니까. 지금 이 순간의 감정과 우연과 인연이 서로 얽혀서 내일을 기다리고 어제를 만들었으니까.

지금 서 있는 공간, 그리고 시간이 바뀌는 거지 삶의 궤적은 그대로다. 그러니 너무 두려워도 말고 자만하지도 말자. 삶이 움직이는 게 아니라 내 시간과 장소가 바뀌고 있을 뿐이니.

삶의 함수는 그대의 경계와 관계를 안내해 줄 것이다. 힘내어 다음 역으로 가 보자.

12
최대 최소

살다 보면 전성기도 있고 슬럼프도 겪는다.
공통점이 있다. 끝난다는 점이다.

함수는 여러 사건이 모여 만들어진 공간이다. 이 공간 역시 끝없이 증가하거나 감소하지 않는다. 어느 한순간을 기점으로 더 이상 커지지 않고 작아지거나 더 이상 작아지지 않고 커진다.
계속 커지는 가운데 가장 큰 값이 발생한 사건 이후에 줄어드는 공간이 있다. 그 사건을 최댓값이라고 한다. 계속 작아지는 중에 가장 작은 값이 발생하는 사건 후에 커지는 공간이 있다. 그 사건을 최솟값이라고 한다.

아래 그래프는
$y = ax^2 + bx + c$ 에서
a 의 부호에 따라 최댓값과 최솟값을 표현한 것이다.

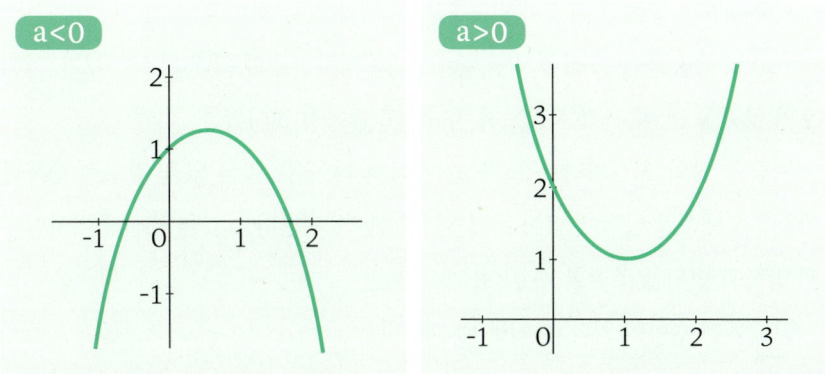

한 사람이 구덩이에 빠졌다. 헤쳐 나오려고 발버둥친다. 힘껏 도약하면 툭 튀어나온 돌을 잡고 나갈 수 있을 것 같다. 몸을 날려 돌을 잡아본다. 이런 실패다. 땅에 내려앉자 갑자기 밑이 꺼진다. 아뿔싸, 구덩이 속에 구덩이가 있었다. 이제 자력으로 빠져나올 방법도 없다.

그새 하늘이 어두워진다. 우르릉 꽝 천둥소리가 들리더니 장대비가 쏟아진다. 구덩이로 물이 들이친다. 구덩이에서 굶어 죽기도 전에 물에 잠겨 죽게 생겼다. 이미 목까지 물이 찼다. 이제 끝이라 생각하는 찰나, 몸이 물에 뜬다. 구덩이가 물에 잠길수록 몸이 부력으로 떠오른다. 구덩이에 물이 가득 차 웅덩이가 되었다. 가까스로 헤엄쳐서 빠져나온다. 언제 그랬냐는 듯이 비가 그친다. 따스한 햇살이 머리에 드리운다. 살았다.

동양 고전 <주역> 중 가장 나쁜 상황인 중수감괘(重水坎卦)를 이야기로 표현했다. 중수감괘 다음은 중화리괘(重火離卦), 즉 태양을 의미한다. 강인한 생명력이다.

누구에게나 좋았던 시절이 있고 나쁜 시기가 있을 것이다.

스스로 목숨을 놓고 싶을 만큼 힘이 들 때 이차함수의 최대 최소를 보자. 아직 오지 않았을 뿐 이 시기는 반드시 지나가고 좋아질 것이다.

지금을 삶의 전성기라고 느끼는가? 이제 더 좋을 일은 없을 정도로 행복한가? 이제 내려갈 날밖에 없어 두렵기까지 한가? 괜찮다. a값을 조절해 이차함수의 방향과 범위를 조절할 수 있다.

그대에겐 수학이 있다. 용기를 낼 때이다.

13
고차방정식

방정식은 어느 순간의 사건이다. 이차방정식과 삼차방정식의 차이는 무엇일까? 어떤 사건이 일어난 것일까?

당신은 개미다. 태어나서 지금까지 개미였다. 바닥을 기어가며 끊임없이 무언가를 물어다가 여왕개미에게 전해 주는 게 지금까지 한 일이다. 개미로서 살아가는 평면은 그대가 태어날 때부터 벗어날 수 없는 공간이다. 여왕개미를 중심으로 2차원 평면인 땅바닥만이 다녀볼 수 있는 곳이다.

그러던 어느 날, 등이 가렵다. 조금 있다 보니 아프다. 베는 듯한 아픔에 잠을 못 잔다. 밤새워 고통에 신음한다. 동이 튼다. 기진맥진한 그대 등 뒤로 해가 뜬다. 늘 보던 자기 그림자인데 조금 다르다. 등 뒤에 무언가가 튀어나왔다. 등을 긴장시키고 힘을 주니 파르르 떨리는 느낌이다. 더 힘을 줘 본다. 어랏, 몸이 뜬다. 지금까지 전후좌우로만 기어다닌 평면에서 조금씩 떠오르고 있다. 그토록 커 보이던 여왕개미도 개미집도 떠오르면 떠오를수록 작아 보인다. 항상 보던 모습이 아니니 낯설기도 하다.

조금 익숙해진 그대는 용기를 낸다. 부우웅~~ 붕 이리저리로 날아다닌다. 일개미였던 그대가 성충으로 우화하면서 날개 달린 수개미가 되었다. 한참을 날다 보니 어딘지 모르는 풀밭 위에 떠 있다. 여긴 어디인가? 나는 누구인가?

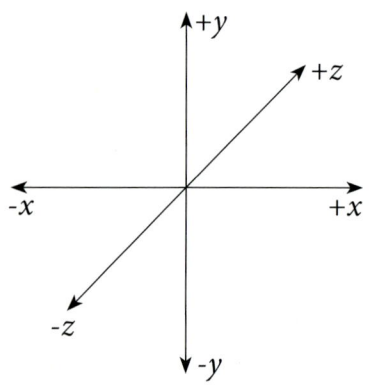

3차원 좌표계

비행체의 위치는 x, y, z 3차원의 공간 좌표에 투영된다. 이 좌표를 기준으로 롤, 피치, 틸트라는 운동을 한다.

삼차방정식은 평면에서 입체로 공간이 확대되었을 때 발생하는 한순간의 사건을 설명한다. 따라서 삼차방정식은 일차방정식과 이차방정식의 인수분해 또는 일차방정식 세계의 인수분해로 표현된다. 이차방정식과 마찬가지로 실수부와 허수부로 근이 나뉜다.

계산보다 더 중요한 게 있다. 3개의 근을 가진다는 점이다. 그 3개 근의 꼴을 보자.

> 삼차방정식 $ax^3 + bx^2 + cx + d$에서
> 삼차방정식 판별식이 D일 때 $D < 0$인 경우
> 실근은 하나가 나오고, 허근은 두 개가 나온다
> 출처 : 위키디피아, 삼차방정식 근과 계수와의 관계

이 경우 하나는 실근, 실수부고, 나머지는 허근 즉 복소수다.

실근은 그림자라고 하자. 눈에 보인다. 허근은 날아다니는 개미라고 하자. 평

면에 있는 개미들은 볼 수 없다. 다른 차원에 존재하기 때문이다. 하지만 실수부 근이 하나 있기 때문에 자신들의 공간과는 다른 어딘가에서 어떤 사건이 있다는 것을 짐작할 순 있다.

그대는 아직 개미다. 다행히 살던 개미집을 찾았다. 그곳까지 날아가 내려앉았다. 이제야 친구 개미들이 그대를 알아본다.

> 삼차방정식 $ax^3 + bx^2 + cx + d$에서
> 삼차방정식 판별식이 D일 때 $D > 0$이고 $f(a)f(b) > 0$이면
> 서로 다른 세 개의 실근을 갖는다 출처 : 위키디피아, 삼차방정식 근과 계수와의 관계

삼차방정식의 해가 모두 실근이다. 눈앞에 생생히 보인다. 전에 있던 이차방정식의 공간에 잠시 내려온 모양이다.

이제 변신 ~~~! 개미에서 다시 사람으로 돌아와 보자. 흥미로운 여행이었길 바란다.

사차방정식의 사건은 어떤 꼴을 하고 있을까? 사차원은 무엇을 말할까? 오차방정식, 육차방정식의 꼴도 궁금하다. 어차피 계속 궁금해질 터이니 삼차, 사차, 오차, 육차 등을 통틀어 고차원이라 하고, 이를 고차방정식이라고 부르자.

우리는 앞서 제시한 고차방정식을 인수분해를 통해 풀었다. 인수는 방정식의 꼴이 어떻게 생겼는지 설명해 준다. 아무리 길게 나열된 고차원방정식도 결국은 인수분해가 된다. 그렇게 인수로 분해된 방정식을 통해 근을 구할 수 있다. 그리고 그 근의 값을 보면 고차원방정식의 꼴을 알게 된다.

사차원방정식은 이차원방정식 두 개로 인수분해된다.

$$x^4 - 3x^2 + 2 = 0$$
$$(x^2 - 1)(x^2 - 2) = 0$$
$$x = \pm 1, \quad x = \pm\sqrt{2}$$

이 공간을 그림으로 표현할 수 있다.

x, y, z에 가상의 축인 w가 있다고 생각하고 2차원 평면에 투영할 수 있다. 방금 구한 해와의 관계가 선명하게 드러난다. 입체의 너비는 1이고, 서로 다른 입방체를 연결하는 직선은 루트 2다.

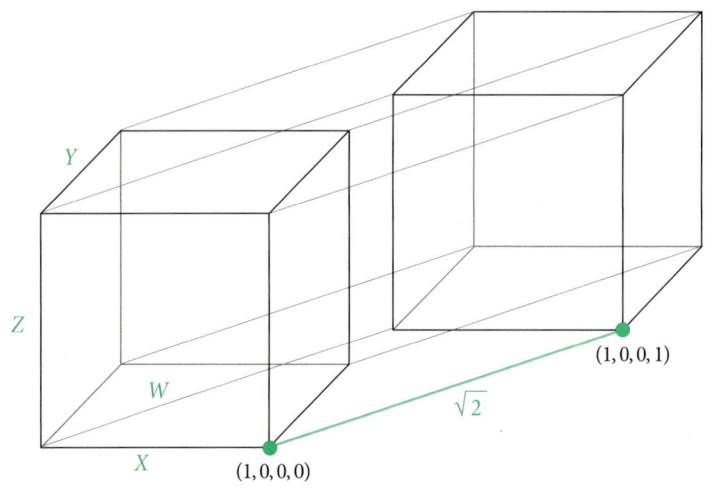

쉽게 상상할 순 없지만, 인수분해를 통해 사차방정식의 꼴을 알 수 있게 되었다. 오차방정식은? 그대가 풀어야 할 자물쇠다. 걱정하지 말라. 열쇠가 바로 앞에 있다. 인수분해다.

이제 잠긴 문을 열고 수학의 세상으로 힘껏 내달릴 수 있다. 일개미에서 수개미로 우화하듯 우리에겐 날개가 생겼다. 높이 날아 멀리 가보자. 모험의 세계로.

14
연립방정식

　연립이란 단어를 국어사전에서 찾아보면 "여럿이 어울려 하나의 형태를 만든다."는 뜻이다. 사전적 의미에 살을 붙이자면, 연립은 여럿이긴 하지만 하나이기도 한 무언가를 말한다. 연립방정식은 여러 사건인 듯 얼핏 보이지만, 그것이 하나의 꼴로 만들어져 있음을 말한다.

　두 명의 남자가 있다. 한 명은 남쪽에 서서 소개팅할 여인을 기다리며 중앙에 있는 분수를 보았다. 다른 한 명은 북쪽 2층 카페에 앉아서 연인과 함께 담소하며 중앙에 있는 분수를 보았다. 마침 분수는 화려하게 물을 내뿜고 있었고, 비둘기들이 그 소리에 놀라 광장을 가로질러 푸드덕 날아갔다. 두 사람이 바라본 분수 풍경은 하나지만, 서로의 감정과 위치에 따라 분수의 모양이 달리 보인다.

　여인을 기다리는 남자에게 분수는 긴장감이다.
　연인과 함께 있는 남자에게 분수는 생동감이다.

분수는 광장에서 무지개를 일으키며 늘 그랬듯이 아래에서 위로, 위에서 아래로 이차함수의 순리대로 운동하고 있다.

두 남자가 처한 감정을 소거하고, 물리적으로 비슷한 부분을 찾아보자. "남자고 분수를 본다."이다. 조금 더 추가하면 "서로 다른 위치에 있다."도 포함된다.

이 둘이 같은 시점에서 분수를 보게 하려면 어떻게 해야 할까? 둘 중 한 사람이 다른 한 사람에게 가든지 둘이 광장 중앙에서 만나든지, 만약 분수가 대칭이라면 둘이 마주보든지 하면 된다.

연립방정식은 소거, 대입, 등치 세 가지 방식으로 근을 구할 수 있다. 소거법은 미지수의 개수를 줄이는 방식이다. 음과 양으로 대칭된 미지수를 소거해 계산한다.

소거

$$\begin{cases} x + 2y = 2 \\ -x + y = 4 \end{cases}$$

둘을 더해 x를 소거한다.

$x + 2y - x + y = 2 + 4$

$y = 2$

대입

$$\begin{cases} x + 2y = 2 \\ -x + y = 4 \end{cases}$$

x에 대입한다.

$$\begin{cases} x = 2 - 2y \\ -x + y = 4 \end{cases}$$

$-(2 - 2y) + y = 4$

$y = 2$

등치

$$\begin{cases} x + 2y = 2 \\ -x + y = 4 \end{cases}$$

등치해서 하나로 묶으면,

$$\begin{cases} x = 2 - 2y \\ x = -4 + 4 \end{cases}$$

$2 - 2y = -4 + y$

$y = 2$

소거는 서로 정반대 방향에서 대칭 모양의 분수를 바라보는 꼴이다.
대입은 한쪽이 다른 쪽이 앉아 있는 자리로 가 함께 분수를 바라보는 꼴이다.
등치는 중간 정도에서 만나서 함께 분수를 바라보는 꼴이다.

우리는 하나의 사건에 대해서 서로의 입장과 위치, 감정에 따라 다르다고 인식한다. 그러면서 오해하거나 충돌하기도 한다.
소거는 서로의 다름을 인정하고 함께 문제를 해결해 보는 것이다.
대입은 그 사람의 입장이 되어 보는 것이다

등치는 서로 한 발짝씩 양보하는 것이다.

지금 누군가와 작은 다툼이 있다면 소거하거나 대입하거나 등치하여 연립해 보자. 문제를 해결할 것은 당연하다. 수학은 늘 그렇듯이 답을 말해주니까.

얼마 안 남았다. 발걸음을 재촉하진 말자. 지친 그대에게 지나온 길들이 힘을 줄 것이다. 이 고개만 넘자. 함께 또 같이.

15
부등식

크거나 작다. 많거나 적다. 넓거나 좁다. 일상에서 자주 쓰는 표현이다.

옷이 크거나 작다. 음식이 많거나 적다. 집이 넓거나 좁다. 공간과 관련되어 있다. 마찬가지로 시간에도 부등이 있다. 늦거나 이르다. 느리거나 빠르다. 시공의 부등이 서로 다른 듯 닮아있다.

일차부등식은 공간과 공간의 대소 관계를 말한다. 조건에 따라 참이기도 하고, 항상 참이기도 하다.

사람은 개미보다 크다. 항상 참이다. 절대부등식이다. 운동선수는 많이 먹는다. 시합 전 감량이 필요할 때는 적게 먹기도 한다. 조건 부등식이다.

연립 일차부등식도 보자. 앞서 연립되어 있다는 의미를 조금 살펴보았다. 서로 입장이 됐든 위치가 됐든 무언가 차이가 있는 상태다. 이 경우 부등식을 통해 크고 작음 말고도 하나 더 알 수 있는 게 있다. 겹치는 부분이다.

벚꽃 핀 덕수동 돌담길 아래 두 남녀가 서로 마주보며 걸어온다. 둘 다 서로 호감은 가지만, 쉽사리 말하지 못한다.

    남자: (그녀를 바라본 채 걸음걸이를 천천히 하며) 벚꽃 향기일까 여인의 기품일까 푸르고 싱그럽다.
    여자: (무심한 표정을 지으며 속마음으로) 햇살의 따스함일까 남자의 다정함일까 오늘따라 맑고 빛난다.

그리고 한 걸음 한 걸음 다가오다 이내 흘낏 보는 듯 마는 듯하며 스쳐간다. 그렇게 봄날은 간다. 결국 우리 모두 저런 잠시의 만남과 영원한 헤어짐 가운데 공감하고 공존하는 것은 아닐까?

수학을 푼다는 것은 수학으로 그려본다고도 할 수 있다. 이 넓은 세상에 풀려 있는 사물과 사물과의 경계와 시간을 따라 마주치는 관계를 수로서 묘사한다.

이차방정식은 어느 공간에서 동시에 일어나는 두 가지 사건의 꼴을 가지고 있다. 이런 일들이 과연 일어날까? 무척이나 자주 일어난다. 오죽하면 속담에도 있다.
"까마귀 날자 배 떨어진다."
이차방정식에는 두 가지 사건이 담겨 있다. 이 사건들을 하나씩 꺼내보는 것을 인수분해라고 한다.

두 개의 인수가 있다. A, B라고 해보자.
따라서 이차방정식 = 인수분해이기 때문에

$A \times B > 0$

또는

$A \times B < 0$

먼저, $A \times B > 0$이 되는 때는 두 가지의 경우가 있다.
$A > 0$이고 $B > 0$일 때와 $A < 0$이고 $B < 0$일 때다.
$A \times B < 0$일 때도 두 개의 경우가 있다.
$A > 0$이고 $B < 0$일 때와 $A < 0$이고 $B > 0$일 때다.

이 성질을 이용하면 까마귀 날자 배 떨어졌을 때 상황을 정확히 파악할 수 있다. 까마귀가 날아올랐기 때문에 배가 떨어진 건지, 배가 떨어졌기 때문에 까마귀가 놀라 날아갔는지 말이다.

$x^2 - 3x + 2 > 0$일 때

$x > 2$ 또는 $x < 1$

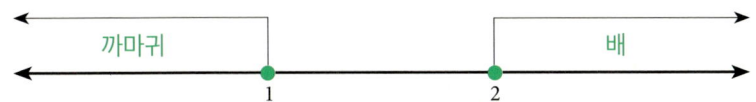

서로 겹치지 않는다. 서로의 경계에 상관관계가 없다는 것이 증명됐다. 따라서 까마귀는 무죄이며, 배도 무죄이다. 두 개의 사건이 우연히 겹쳤을 뿐인데 관찰자의 편견을 더해 상황을 해석했을 뿐이다.

수학은 이처럼 난해한 세상의 문제를 간단히 그리고 누구나 알 수 있게 풀어준다. 오해가 풀리니 마음도 풀린다. 우린 까마귀를 전처럼 불길한 징조로 생각지 않아도 된다. 배가 너무 익기 전에 수확해야 함도 알게 되었다.

이차부등식을 연립할 경우, 더 많은 사건에 공통된 부분이 있는지 아닌지 알 수 있다.

우리는 서로 다른 존재다. 하지만 공통된 점도 많다. 이름과 얼굴, 지문은 서로 다르지만 사랑, 슬픔, 눈망울, 생명 등 겹치는 부분도 많다. 다르다고 보는 건 어쩌면 서로를 연립해 보지 않고 생각하기 때문이다. 세상에 많은 분쟁이 있고, 미움과 싸움이 있는 까닭도 연립하여 하나의 모양을 이룬다는 것을 깨닫지 못해서일 게다.

함께해주어 고맙다. 하나의 여행을 끝내고 다음 여행을 준비하자. 수는 아직도 무한히 우리에게 새로운 모험을 던져준다. 연대와 희망으로 동행하자.

16
수열

수를 열 세운다. 수열이라고 부른다. 우리말로 순서, 차례, 영어로 시퀀스 (sequence) 다. 영어 사전에 따르면, 시퀀스는 연속적으로 일어난 사건을 정해진 기준에 따라 줄 세운다는 뜻이다. 수열은 기준이 있다. 그러니까 줄 세우는 법칙이 있다.

필자는 1990년대 중학교를 다녔다. 한 반에 50명 정도 모여 수업을 들었다. 입학식 날 선생님은 키를 기준으로 학생들을 한 줄로 세웠다. 그리고 5명씩 끊어서 각 분단의 앞자리에 앉게 했다. 이런 식으로 각 분단의 마지막까지 자리에 앉히고 번호를 매겼다. 자연스레 키 큰 아이는 뒤에 앉고, 키 작은 아이는 앞에 앉게 되었다. 이것이 중학교 1학년 1반의 시퀀스, 즉 수열이 되었다. 키를 기준으로 차례대로 앉았다.

한 학기가 지났다. 작았던 아이들의 몸집이 커졌다. 그렇지 못한 친구들도 있었다. 선생님은 다시 키를 기준으로 줄을 세우고 같은 시퀀스(수열)로 자리에 앉했다. 까까머리 중학생들이 귀엽게 모여서 열심히 공부했다. 번호가 몇 번인 줄 알면 덩치와 키를 판가름할 수 있었다. 한동안은 매일매일 격투기 수련장이었다. 역시 뒷번호 친구들은 강했다. 자연스레 키순으로 남자들만의 서열이 생겼다.

2학년이 되었다. 담임 선생님이 바뀌었다. 아이들은 1학년 때와 같은 키를 기준으로 한 시퀀스(수열)로 줄을 섰다. 번호를 받고 자리에 앉기 위해서였다.

그때 선생님이 기준을 바꾸셨다. 성적순이었다. 1번은 제일 키가 작은 아이가 아니라, 가장 공부 잘하는 아이가 되었다. 수열이 바뀌었다. 선생님 입장에선 이제 뒷자리에 앉은 아이들이 들을 만큼 크게 소리치지 않아도 되었다. 어차피 앞자리에 있는 녀석들만 공부하니 뒷자리는 신경 쓰지 않을 수 있었다. 선택과 집중 전략이었다. 공부가 더딘 아이들은 점점 뒤로 밀려갔다. 공부 잘하는 아이들은 점점 앞자리를 차지했다. 물론 나는 뒷자리였다.

기회 박탈은 연속되었다. 앞편 자리는 선생님의 보살핌이 있었지만, 뒤편 자리는 주먹질하는 친구들이 있었다. 쉬는 시간 앞자리 친구들은 수학 문제를 논의했고, 뒷자리 주먹들은 습격할 대상을 논의했다. 전교 1등이 우리 반에서 나왔다. 많은 이의 박수를 받으며 앞자리 1번은 선생님께 칭찬을 받았다. 자연스레 뒷자리에 앉은 친구들은 스스로를 어둠의 자식이라고 불렀다. 주먹질 말고는 자랑할 게 없으니 당연했다.

3학년이 되었다. 담임 선생님이 바뀌었다. 2학년 때와 같은 시퀀스(수열)로 아이들은 길게 줄을 섰다. 선생님은 다소 화가 난 듯 보였다. 그리고 기준을 바꾸었다. 운동장 한 바퀴 돌아 선착순 5명!

잠시 어리둥절했다. 선착순에 탈락한다는 것은 저 큰 운동장을 한 바퀴 더 뛰는 것이었다. 치열한 달리기가 시작되었다. 앞자리 친구들은 평소 운동을 안 하니 뒤처졌다. 뒷자리 녀석들은 처음부터 뛸 생각이 없었다. 운명을 바꾸려는 자는 최선을 다했다.

"선착순 하나, 둘, 셋, 넷, 다섯!!!

선생님은 지긋이 웃음을 지으시고, 5명에게 원하는 자리에 앉으라고 하셨다. 그리고 다시 한번 나직이 말씀하셨다. 선착순 5명!

그렇게 10번이 반복되었다. 나중에 들어온 5명은 그다지 선택의 기준이 없었다. 평소 몸이 허약한 친구는 안타깝게도 자리 선택의 기회를 박탈당했다. 선생님은 말씀하셨다.

"체력은 국력이다. 공부 잘해도 아파서 일찍 죽으면 헛것이다. 잘 먹고 잘 놀고 잘 생각해라."

노력이란 기준이 조금 들어간 탓인지 공평한 듯 보였다. 타고난 키와 지능에 따라 줄을 서지 않았다. 키가 작아도 머리가 나빠도, 열심히 뛰면 무언가를 쟁취할 수 있었다. 선생님은 계속 시퀀스(수열)를 바꿨다. 인기투표로 자리를 배정하기도 하고, 성적이 낮은 순으로 앉히기도 했다.

한 학년이 끝나고 졸업식을 했다. 선생님은 자필로 모든 학생에게 상을 주셨다. 기준이 너무 많으니 줄 서지 않고 각각 상을 받았다. 때론 매서운 질책과 때론 따스한 격려로 학생들 하나하나를 대해 주셨다. 우리 학급의 기준은 성실이었다. 그리고 모두 그것에 동의했다. 졸업식이 끝나고 상장과 졸업장을 주신 후 마지막으로 말씀하셨다.

"우리는 사람이다. 지혜를 가진 사람 그래서 호모 사피엔스라고 불린다. 지혜롭게 살자. 고맙다."

아직도 가끔 동창회를 한다. 모임을 가지며 선생님을 추억한다. 세월이 지나 모이니 그간 살아온 기준은 다 헛것이 맞았다. '건강한 게 최고야~~~'. 이구동성이다.

우리는 모여 있다. 수학의 언어로 집합(group) 이다. 살아가다 보니 줄 서는 것이 피곤하다. 둥글게 모여 있을 때가 맘도 편하고 밥맛도 있다. 사실 수열과 집합은 크게 다르지 않다. 수열이 나쁘고 집합이 좋고 그런 것은 없다. 수는 공평하다. 수를 어떻게 쓰느냐가 중요하다.

수열과 집합은 고등학교 공통 수학 과정 마무리 단원이다. 첫 번째 단원은 다항식이었다. 공간에서 시작해서 그 공간의 질서로 끝난다. 우리가 사는 곳을 알고 그곳에서 어떻게 사느냐를 선택하기 위해 우리는 지금껏 수학을 공부했다.

어디로 갈지 고민된다면 다시 수학을 하자. 수학의 어원은 배움과 지식을 뜻하는 그리스어 *mathesis* 다. 계속 배우고 지혜를 넓히자. 높이 날아 멀리 갈 것이다. 함께 배우고 익히니 기쁘다.

17
경우

"세상에 이런 경우가 다 있나…."

드라마 사극에 간간이 나오는 대사다. 경우가 어땠는지 잘은 모르지만, 경우라는 말은 눈앞에 공간이나 사물이 펼쳐져 보이는 걸 말한다. 공간이나 사물을 세어보는 것과 같다. 하나, 둘, 셋, 그리고 감춰진 공간이 하나 보인다. 그럴 때 하는 말이다. "세상에 이런 경우가 다 있나…."

경우의 수는 이런 경우 저런 경우를 펼쳐놓고 세는 것이다. 초등학교 산수 시간처럼 즐거운 마음으로 경우를 세어보자.

나는 인천에 산다. 내일 서울, 대전, 대구, 부산 중 한 곳에 가고 싶다.
내일 내가 갈 곳을 따져보자. 이때의 경우의 수는?
나는 홍길동이나 도플갱어가 아니기 때문에 한 번에 한 곳만 갈 수 있다. 따라서 갈 수 있는 장소가 4개이니, 갈 수 있는 경우도 4개다. 갈 수 있는 장소를 다 조합해 나오는 수가 경우의 수다.

나는 인천에 산다.

내일 서울, 대전, 대구, 부산 중 한 곳에 가고 싶다. 아마도 기차나 자동차를 타고 갈 것 같다. 내일 내가 갈 곳과 갈 방법을 다 따져보자.

이때의 경우의 수는?

갈 곳에 대한 경우의 수는 아까 해봤다. 4개다.

갈 방법에 대한 경우의 수도 다르지 않다. 2개다.

자동차를 타고 서울 또는 대전 또는 대구 또는 부산에 가거나,

기차를 타고 서울 또는 대전 또는 대구 또는 부산에 갈 것이다.

두 경우의 수를 곱한 값과 같다. 총 8개다.

눈에 보이도록 경우 하나하나를 블록이라 생각하고 찬찬히 쌓아 보자.
자동차로 타고 가는 블록은 검은색, 기차로 타고 가는 블록은 청록색이다.
각 블록에는 가야 할 장소가 쓰여 있다.

서울 🚗	대전 🚗	대구 🚗	부산 🚗
서울 🚆	대전 🚆	대구 🚆	부산 🚆

경우를 따져보니 평면에 놓인 블록이 된다. 경우가 더 많아지면 곱을 더 많이 하면 된다. 3차원 큐브에서 다차원 입방체로 계속 늘어난다. 삶이 복잡한 까닭이고 관계가 피곤한 연유다.

그래도 괜찮다. 세상에 이런 경우 저런 경우가 있다는 것을 알면 두려움이 용기로 바뀌어 있을 것이다. 힘차게 다음 경우로 가보자.

18
평면 좌표

"나는 생각한다. 고로 나는 존재한다."

프랑스 철학자 르네 데카르트가 한 말이다. 철학(philosophy)은 라틴어로 '사랑하다'란 뜻인 'Philo'와 지혜를 가리키는 'Sophia'를 합성한 단어다. 즉, 지혜를 사랑하는 것을 철학이라고 불렀다.

지혜를 사랑한 데카르트가 세상을 해석하는 방법은 이랬다.

참이라는 명제가 있다. 의심한다. 명제가 참일 수 없음을 찾아본다. 이 명제가 참이 아니려면 그것을 이루는 몇 가지 명제가 참이 아니어야 한다. 따라서 다시 깊숙이 들어가 명제를 이루는 또 다른 명제들을 의심한다. 그렇게 계속 의심하다 하나의 거짓이라도 나오면 그 명제를 제거한다. 그리고 다음 명제, 다음 의심으로 들어간다. 범죄자를 취조하듯 명제에 자백이라도 받듯, 그는 생각하고 생각했다.

그리고 <방법서설>이라는 그의 사상 책에 더 이상 의심하고 거짓을 찾아

내려 해도 거짓되지 않은 유일한 근본 명제는 "나는 생각한다. 고로 나는 존재한다."라고 결론을 냈다.

그의 철학 방법론은 수학에도 지대한 영향을 미친다. 데카르트는 수가 생각하고 존재하는 곳, 바로 직교좌표계를 세상에 내놓았다.

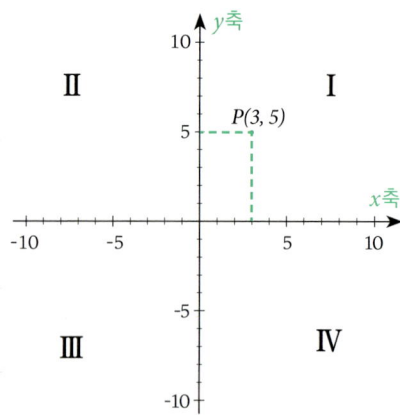

출처 : 위키디피아, 데카르트 좌표계

이 좌표계에서 x축은 x만 변하는 공간이다. y축은 y만 변하는 공간이다. 따라서 x, y가 다 모여 있는 좌표평면은 x, y 순서쌍이 무한히 변하는 공간이다.

【수직선】

어느 시골이다. 구불구불한 길에 한 집 두 집 띄엄띄엄 집이 서 있다. 길가는 할머니에게 물어본다.

"혹시 김분자 할머니 집 아세요?"

할머니가 답한다.

"분자? 이 길로 쭈욱 가면 저기 빨간 지붕 집 지나 언덕 위 큰 팽나무 보이잖수, 고 언덕 내려가면 바로 있수."

【좌표 평면】

어느 도심이다. 빽빽한 빌딩 숲속 바삐 사람들이 지나간다. 큰 오피스텔 정문으로 들어간다. 안내를 맡고 있는 젊은 청년에게 물어본다.

"수학여행 사무실을 찾아왔습니다. 어떻게 가나요?"

청년이 대답한다.

"엘리베이터를 타시고 12층에 내리셔서 왼쪽으로 돌아 세 번째 보이는 사무실, 1203호입니다."

수직선과 좌표평면을 오가며 그리운 이를 반가이 찾을 수 있도록 좌표가 도움을 준다.

지금 내가 있는 곳과 그가 있는 곳까지의 거리를 좌표라고 생각해 보자.

수직선 상 좌표까지 거리는 오른쪽에서 왼쪽을 뺀다. 좌표평면에서 좌표까지 거리는 피타고라스 정리를 사용해 본다. 빗면은 두 점 사이를 잇는 가장 빠른 길을 알려 준다. 좌표가 있다면 거리도 있다. 그 거리를 앎으로 우리가 어디쯤 있는지 얼마나 왔는지 어디로 가는지 생각할 수 있다. 그렇게 존재하게 된다.

거리에 경계를 그을 때 내분과 외분이라는 방법을 사용한다.

> 내분은 선분을 그 위의 점을 경계로 하여 두 부분으로 나누는 일이다.
> 외분은 선분을 그 연장선 위의 점을 경계로 하여 두 부분으로 나누는 일이다.
> 출처: 위키디피아, 내분과 외분

경계가 있으니 관계가 생긴다. 내분의 관계는 내분비다. 내분점으로 경계가 만들어지고, 내분비로 관계가 형성된다. 그리고 이 과정에서 자취가 남는다. 내분점과 외분점 그리고 자취를 알아보자.

【내분점】

> 선분을 내분하는 점을 내분점이라고 하며, 나눠진 두 부분의 길이의 비를 내분비라고 한다.
> 출처: 위키피디아, 내분

시작점이 x_1이고

끝점이 x_2일 때

내분비가 $a:b$인 내분점 p는

$$p = \frac{x_2 \times b + x_1 \times a}{x_2 + x_1}$$

내분점은 좌표다. 좌표는 어느 지점부터의 거리다.

저 정의에는 시작되는 어느 지점에 관한 설명이 없다. 하지만 우리는 그 지점을 정할 수 있다. 나로부터 시작하면 된다.

닫힌 공간인 방에 있다고 가정하자. 방 끝에 내가 서 있고, 내 맞은편엔 방을 나갈 수 있는 문이 있다. 서 있는 지점을 a, 문이 있는 지점을 b라고 해보자.

닫힌 공간 속에서 내가 서 있는 자리와 열고 나가거나 닫을 수 있는 문 사이 신발이 놓여 있다. 신발은 밖으로 나오기 위해서도 필요하고 밖에서 안으로 들어올 때도 사용한다. 그 신발은 나로부터 요만큼 떨어져 있고, 문으로부터 저만큼 떨어져 있다고 하자. 나와 신발 사이 요만큼의 거리를 a라고 해보자. 문과 신발 사이 저만큼의 거리를 b라고 해보자. 각자의 신발의 위치가 다 다를 테니 그 지점도 통틀어 p라고 하자. 방이라는 경계 속에서 나와 신발과 문 사이의 관계가 나열된다. 신발이 있어야 할 내분점은 명확하다. 문과 가깝고 나와는 멀어야 한다. 안 그럼 엄마가 화내실 테니까. 내분점이 중요한 까닭이다.

내분되어 있는 꼴을 보고, 우리는 그것이 옳거나 틀렸다고 말한다. 예를 들면 가르마도 그렇다. 7:3, 5:5까지는 좋지만, 2:8은 좀 촌스럽다. 내분점을 통해 우리는 경계를 세운다.

내분점 p를 중심으로
a와 b로 나뉘어졌을 때
내분비 a와 b가 같으면
중점 $= \dfrac{a+b}{2}$

중점은 아름답고 단순하다. 서로의 경계가 단정하고 질서 있다. 공중도덕이 필요한 이유다. 이로써 쩍벌남을 응징할 수학적 논리를 가지게 되었다.

【외분점】

> 선분을 외분하는 점을 외분점이라고 하며, 나눠진 두 부분의 길이의 비를 외분비라고 한다
> 출처: 위키디피아, 외분

내분과 외분의 차이는 무엇일까? 언뜻 보기엔 다를 게 하나 없어 보인다.

앞서 우리는 닫힌 공간에서 나와 문, 그리고 신발과의 비유를 통해 내분의 관계를 알아보았다. 조금 달리해보자.

우리는 닫힌 공간을 보고 있다. 그 공간은 바로 맥주컵이다. 뜨거운 햇살이 내리쬔다. 모처럼 낸 휴가다. 바다가 보이는 그늘 아래 자리를 잡고 맥주 한 잔을 시켰다. 컵에 맥주를 따른다. 빈 컵에 황금처럼 술이 담긴다. 반이 차고 거품이

오르고 조금 더 조금 더, 아뿔싸 넘친다. 아까운 맘에 입이 먼저 간다. 한 모금 삼키니 컵에 알맞게 담긴다. 바람이 시원하다. 맥주 한 모금 들이키니 금상첨화다. 가득 찼던 컵이 거의 다 비어간다. 한 잔 더…. 아내의 눈빛이 따갑다. 오늘은 여기까지.

외분을 한다는 것은 얼마나 채워져 있는지 보는 것이다. 가득 찰 때까지 얼마나 남았는지 알 수 있다. 외분을 잘 못하면 맥주가 넘치거나 잔에 마시기 좋게 차지 않는다. 넘치지도 모자라지도 않게 하는 것을 외분한다고 한다.

얼마나 왔고 얼마나 남았는지 안다면 지금 그대가 해야 할 일이 명확하지 않을까? 철학자 스피노자는 사과나무를 심겠다고 했다. 그대의 선택은 무엇인가? 아래의 식으로 인생을 외분해 보자.

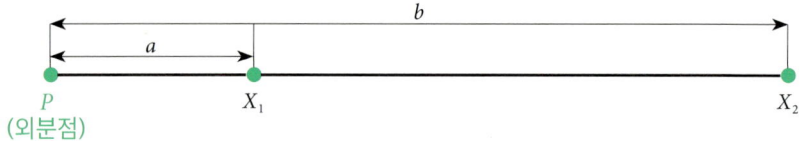

시작점이 x_1이고

끝점이 x_2일 때

내분비가 $a:b$인 외분점 p는

$$p = \frac{x_2 \times b - x_1 \times a}{x_2 - x_1}$$

끝점에서 시작점을 뺀다. 죽음의 시점에서 살아온 시간을 뺀다. 그 나머지가 살아갈 시간이다. 현재를 기점으로 삶과 죽음의 수직선을 외분할 방법이 있을까? 시한부 삶을 선고받는 경우 말곤 알기 어렵다. 그분들에게 이 하루가 얼마나 값질까? 외분을 통해 하루하루 삶에 충실해야 할 이유가 생겼다. 넘치거나 모자라지 않게 판단할 수 있는 수학적 논리는 덤이다.

【자취】

수학 용어지만, 자취는 영어로는 *Trace*다. 영어 사전에서 찾아보면 추적해서 찾아낸다는 뜻이다.

사건 의뢰가 들어왔다. 잃어버린 강아지를 찾아달라는 요청이다.

탐정은 바쁘다. 찾아야 할 강아지의 모습부터 정리한다. 코카서스, 노란 털, 까만 눈, 까만 코 정보가 부족하다. 강아지의 특징을 물어 다시 정리한다. 70cm 정도 크기, 목걸이 있음, 이름은 아리…. 사진도 첨부한다. 앞모습, 옆모습. 조금은 정보가 많아졌다. 잃어버린 위치도 정리한다. 주석 사거리 편의점 옆 놀이터에서 사라짐. 성격은 온순한 편임. 탐정은 잃어버린 위치에서부터 강아지를 찾기 시작한다.

탐정은 지금부터 강아지의 입장에서 세상을 바라본다. 사거리에는 사람들이 많다. 강아지가 활발한 편이라면 곧장 사람들 틈에 섞여 나아갔을 것이다. 하지만 강아지는 내성적이다. 사람들이 보이지 않는 적당한 곳에 숨어 있을 가능성이 많다. 이 주변에서 가장 인적이 없는 곳으로 가보자. 마침 두 블록 주변에 사람의 흔적이 별로 없는 공터가 있다. 공사하다가 중단되어 버려진 폐가구와 숨기 좋은 구조물들이 몇 있다. 길고양이들이 모여 있다. 두세 마리가 모여 잡풀 속 무언가를 보고 있다. 낯선 무언가가 있어 경계하는 것이다. 혹시나 해서 풀숲을 헤쳐 보니 코카서스, 노란 털과 까만 눈, 그리고 70cm 정도 되는 강아지가 있다. 이름을 불러 본다. 아리야? 컹.! 컹! 찾았다. 주인에게 사진을 찍어 보낸다. 그리고 전화가 온다.

"우리 아리예요, 감사합니다!"

이 일은 실제 내가 겪은 일을 바탕으로 각색한 것이다. 우리 집 강아지가 애견 미용실에서 탈출해 도망갔다는 이야기를 듣고 주인과 개를 찾을 방법을 논의한 후 강아지의 입장에서 생각해 보며 찾기 시작했다. 다행히 미용실 근처 우리 강아지가 숨어 있고 싶을 만한 공터로 가보았고, 바로 찾을 수 있었다. 주변에 고양이들이 모여 있던 것도 사실이다.

탐정은 강아지를 찾기 위한 여러 정보를 제공받는다. 그리고 그 정보에 따라 추적하여 찾아내기 위해서 강아지가 되어본다. 즉, 강아지를 중심으로 사고의 축을 옮긴 것이다.

어떤 기준이냐에 따라 내분과 외분이 달라진다. 그 길을 줄곧 따라가며 생기는 길이 자취다. 발자취라는 말이 있다. 앞선 사람이 걸어간 길이다. 그 길을 따라가다 보면 그가 다다른 곳을, 그리고 그를 만날 수 있다.

수학의 발자취를 따라오느라 수고했다. 이렇게 계속 가다 보면 앞서간 수학자들을 만나게 될 것이다. 그리고 먼 훗날 아무도 못 가본 곳까지 다다르리라. 그대의 길이고 그대의 발자취다.

19
직선

x에 관한, 즉 x만 변하는 방정식은 단 하나의 답만을 만족한다. y에 관한, 즉 y만 변하는 방정식도 마찬가지다. 하지만 x, y에 관한 방정식은 무한한 순서쌍이 생길 수 있다.

조용한 카페, 혼자서 커피를 마신다. 창밖을 본다. 주문을 시킬 때 말고는 말 한마디 없다. 시간이 하염없이 흐른다. 문이 열리고 기다리던 그녀가 왔다. 방긋 웃는 모습에 설렘이 앞선다. 한 시간 두 시간, 날이 어둑해지는데도 웃고 떠드느라 정신없다. 자리에서 일어나며 남자는 식사하며 대화를 이어가자고 한다. 둘이 손잡고 총총 걸어 나간다. 돌덩이 같은 남자와 꽃 같은 여자가 만나 봄날을 이어간다. 오늘도, 내일도 그들은 설레고 행복할 것이다.

x, y에 관한 일차방정식의 순서쌍인 점을 이으면 선분이 생긴다. 끝없는 선분, 즉 직선이다. 수학에선 그 선분을 그래프라고 부른다. 방정식은 무한한 순서쌍

인 점을 만들고, 이 점을 이으면 그래프가 된다. 그래프는 한자어로 도표(圖表)라고 하는데, 관계를 설명하기 위해 쓰는 도구다. 이 점과 저 점이 어느 일차방정식에 의해 관계를 가지고 있다는 표시다.

다시 연인의 공간으로 가보자. 카페, 레스토랑, 영화관으로 이어지는 동선을 보니 아무래도 썸 또는 연인 관계일 가능성이 크다. 만약 교실, 도서관, 학원으로 이어진다면 중간고사를 준비하는 동창생 관계일 것이다. 둘의 함께하는 시간과 공간을 들여다 보니 하나의 식이 보인다.

$y = ax + b$

a와 b는 계수다. 단항 또는 다항식의 공간에서 추세와 모양을 설명해 준다. 이 두 개의 계수는 각각의 성질을 가지고 있다.

【a의 성질】
$a > 0$이면 오른쪽 위로 올라가는 직선이다.
$a < 0$이면 오른쪽 아래로 내려가는 직선이다.
$a = 0$이면 y축에 수직인 직선이다.

【b의 성질】
$b > 0$이면 원점에서 위쪽에서 y축과 만난다.
$b < 0$이면 아래쪽에서 y축과 만난다.
$b = 0$이면 원점을 지난다.

두 계수는 이름이 있다. a의 이름은 기울기이다. b의 이름은 절편이다.
이 방정식에서 기울기는 x축과 관계있다. x축을 기준으로 얼마나 기울어져 있는지 알 수 있다. x축에 붙어 있으면 기울기는 0이다. x축 위로 올라가면 0

보다 크다. x 축 아래로 내려가면 0 보다 작다.

절편은 y 축과 관계있다. 절편은 좌표축과 만나는 점을 통틀어 말한다. x 축이든 y 축이든 그래프와 좌표가 만나는 점을 절편이라고 한다. 이 방정식에서는 y 축과 만나는 점을 말한다. 그러니까 b 가 양수면 원점에서 위로 있는 양수의 공간에 점이 위치하고, 0 이면 원점에 위치한다. $b<0$ 이면 원점에서 아래쪽에 있는 음수의 공간에 점이 위치한다.

연인 관계를 방정식으로 풀면, 남자는 여성을 배우자로 점찍었다. 여성은 남성에게 마음이 기울었다. 기울기와 절편을 통해 둘이 사랑에 빠져있음을 알 수 있다. 수학적으로 그렇다.

우리에게는 각자의 길이 있다. 하지만 혼자 살아가진 않는다. 누군가와 함께 하는 과정 속에서 네 가지 정도의 경우를 만난다.

1) 한 때의 첫사랑
2) 배우자
3) 나
4) 부모님

$$\begin{cases} y = ax + b \\ y = a'x + b \end{cases}$$

두 개의 직선이 만나는 점(교점)은 두 직선의 해이다. 해(解), 또 다른 근은 만나는 점에 대한 또 다른 수학 용어다. 따라서 두 직선의 계수에 따라서 그래프는 네 가지의 꼴을 가진다.

기울기인 a와 a' 값이 서로 다르면 한 점에서 만난다.
기울기가 같고 절편 b와 b'가 서로 다르면 평행하다.
기울기가 같고 절편도 같으면 일치한다.
기울기끼리 곱을 했을 때 값이 -1이면 두 직선은 수직관계다.

두 직선이 한 점에서 만남은 첫사랑이다. 아직 첫사랑이 오지 않은 사람도 있겠다. 그러나 한번쯤 누군가를 만나고 헤어진다. 그리곤 그걸로 끝이다. 추억의 자취는 있지만, 앞으로 갈 길과 지나온 길에 그 지점은 단 하나다. 서로가 두 개의 직선이라고 할 때 단 한 번 마주친다. 그 지점은 강렬하고 잊히지 않는다. 하지만 거기까지다. 서로의 길이 다르니 만남도 그뿐이다.

두 직선이 평행하게 한 방향으로 그려짐은 결혼이다. 그러한 사랑을 지나고 지나면서 서로 조금은 다르지만 한 곳을 바라보는 누군가를 만난다. 다른 면이 분명한데 정겹고 친근하다. 이 사람이면 든든할 것 같다. 무엇보다 서로를 마주 보는 것이 좋다. 둘이 만남을 이어가고 프러포즈를 하고 지단한 삶을 함께 마주 보며 살아간다. 해로한다.

두 직선이 일치함은 홀로 걷는 인생길이다. 많은 시간이 지났다. 사랑했던 그녀를 먼저 보낸다. 아이들은 모두 각자의 삶의 방향에서 잘 산다. 가끔 오는 연락이 반갑지만, 부담스럽기도 하다.
늙는다. 거울을 본다. 그간의 세월이 가득 묻은 얼굴을 마주한다. 내가 아닌 것처럼 살아온 시절인데 되돌아 보니 나답게 살았다. 혼자 밥 먹고 텔레비전을 보고 잠자리를 준비한다. 이렇게 홀로지만, 괜찮다. 나에게 친절하다. 매몰차던 예전의 내가 아니다. 나로서도 괜찮다. 고맙다. 나에게.

두 직선 기울기를 곱했을 때 -1 이면 수직이다. 어느덧 삶의 끝자락에 오다 보니 부모님 생각이 깊어진다. 나와는 다르셨던 아버지. 예전에는 몰랐는데 이제는 알 것 같다. 무언가를 지탱해주기 위해선 엄해야 했을 것이다. 십자가를 지듯 우리 남매를 돌봤을 것이다. 새삼 보고 싶다. 하지만 볼 길이 없다. 돌아가신지 벌써 이십여 년. 꿈에서도 뵐 길 없다. 감사하다.

마지막 비유를 수학으로 다시 풀어보자.

$a \times a' = -1$ 을 부모님으로 비유했다

$a \times a'$

저 꼴이 성립하기 위해선 아래 식이 필요하다.

$a' = \dfrac{1}{-a}$

$a \times a' = \dfrac{a}{-a} = -1$

분모와 분자가 있다.

분모는 윗자리를 내어준다. 묵묵히 분자를 지탱한다. 게다가 음수가 곱해져 있다. 음수는 볼 수 없다. 음의 세계는 수학에서나 표시할 수 있지 현실에선 보이지 않는다. 보이지 않지만, 항상 옆에 있다. 부모님이다.

분자는 윗자리를 차지한다. 분모를 딛고 선다. 나를 중요시하고 나를 보아달라고 한다. 그래서 양수 1 을 곱한다. 굳이 곱하지 않아도 존재하지만, 완고히 자기를 주장한다. 하지만 결국은 음수의 세계로 갈 것이다. 우리들이다.

연립된 방정식 사이 많은 이야기가 숨어 있다. 두 직선의 위치 관계와 비슷하다. 만나고 헤어짐을 반복하는 연유이기도 하다. 같이 바라보는 지금 이 순간의 좌표에 감사하자.

20
원의 방정식

> 원(*circle*)은 평면 위의 한 점에 이르는 거리가 일정한 평면 위의 점들의 집합으로 정의되는 도형이다.
> 출처: 위키디피아, 원

x에 관한, y에 관한 방정식은 무한한 순서쌍을 가질 수 있다. 그 순서쌍의 점을 이어 보자. 직선일 수도 있고 포물선일 수도 있다. 원의 방정식을 통해 나오는 순서쌍을 다 이으면 원이 된다. 다른 말로 원이라는 그래프가 만들어지는 방정식이라고 하면 된다.

【원의 방정식】

원의 반지름이 r일 때

$x^2 + y^2 = r^2$

원의 방정식과 동일한 정리가 있다. 피타고라스 정리다.

【피타고라스 정리】
직각 삼각형 밑변이 a, 높이가 b, 빗변이 c일 때
$a^2 + b^2 = c^2$

왜 원의 방정식에 피타고라스 정리가 들어서 있을까. 다른 말로 거리를 구하는 식이 저 안에 들어가 있을까? 데카르트 평면의 좌표는 거리이기 때문이다. 중점에서부터의 거리가 곧 좌표다. 나중에 기하에서 다루겠지만, 좌표는 벡터라고 한다. 거리는 스칼라라고 부른다. 공간에서 좌표는 곧 거리가 된다. 모양과 꼴이 다르지만, 서로 의미하는 바가 같다.

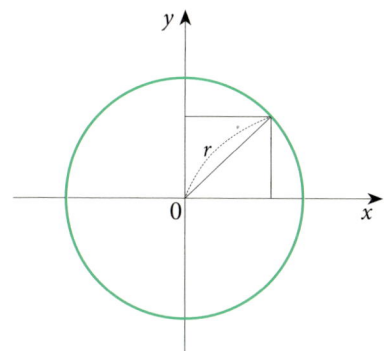

손끝으로 원을 그려보자. 원은 안과 밖이 있다. 원을 그림으로써 거리가 만들어진다. 작게 그리면 가까운 사이의 사람들이 보인다. 팔을 크게 휘둘러 원을 그려보자. 가깝고도 먼 사람들이 다 담긴다. 그러면 그 바깥에 있는 사람들은 나와 상관없는 사람들일까?

누군가가 원을 그렸다. 그 안에 나도 있었다. 그 원의 이름은 지구다. 지구인으로서 함께 살기에 조금은 멀지만, 우린 같은 원에 있다. 언젠가 어떻게든 만날 수 있는 경계 속에 관계를 가진 존재다. 지구는 둥그니까 앞으로 나아가 보자.

21
평면 이동

좌표평면 위의 점을 이동시킨다. 오른쪽으로 이만큼 위로 조만큼.

점 $p(x, y)$ 를

x축으로 3 만큼, y축으로 3 만큼 이동시키면

점 $p'(x+3, y+3)$

이번엔 좌표평면 위의 도형(그래프)을 이동시킨다.

도형 $f(x, y)$ 를

x축으로 3 만큼, y축으로 3 만큼 이동시키면

도형 $f'(x-3, y-3)$

이 순간 머리가 멍해진다. 아까 점은 더했는데 왜 도형(그래프)은 갑자기 빼는 거지? 더해도 오른쪽, 빼도 오른쪽. 더해도 위쪽, 빼도 위쪽으로 가는 게 말이야 막걸리야? 이런 질문을 해본 적 없는 분들에게는 신의 가호가 있었던 것이다.

괜찮다. 누구나 할 만한 질문이다. 더하고 뺌이 동일한 경우를 일상의 공간에서 마주보자.

<너도 가수야?>라는 음악 프로그램의 리허설 중이다. 김 모 씨는 신인 가수다. 아직 카메라의 위치를 잘 모른다. 무대에 서니 무대감독이 화를 낸다.

"카메라에 잘 잡히게 오른쪽으로 세 걸음 오세요. 거기 뒤로 두 걸음 가고요 오케이~~~."

노래하는 것보다 무대에서 자리 이동하는 게 더욱 긴장된다. 그래도 3단 고음은 기본. 오늘은 내가 꾀꼬리다.

같은 무대 리허설 중이다. 임 모 씨는 초대받은 중견 가수다. 무대 구석에 서 있다. 방금 리허설을 마친 김 모 씨는 생각한다. '무대감독이 화를 내겠는 걸'. 하지만 웬걸. 무대감독은 잔잔한 미소까지 머금고 이렇게 말한다.

"카메라, 가수님 서 계신 곳으로 오른쪽으로 세 걸음 앞으로 두 걸음. 클로즈업! 가수님 나이스~~~."

이것이 중견가수의 포스인가. 김 모 씨는 임 모 씨 같은 가수 되길을 꿈꾼다.

어떤 차이가 있을까? 신인과 중견가수라면 답은 땡이다. 카메라가 좌표라면 앞선 평행이동은 점이 이동한다. 하지만 도형의 이동은 좌표축이 이동한다. 도형은 그대로이고, 좌표평면이 이동하는 것이다.

세상에는 유행이 있다. 21세기 최고 유행 상품은 돈이다. 사실 예전에도 그랬다. 돈을 좇아 이곳으로 저곳으로 이동한다. 하나의 점이 되어 평면 이동을 한다. 하지만 돈을 좇지 않고 지혜를 찾은 철학자가 있다. 그는 수학의 난제를 풀었고, 그것을 바탕으로 새로운 수학 이론을 계속 펼친다. 그는 한 곳에서 묵상하며 수학과 벗하며 산다. 이상하게도 그를 중심으로 많은 사람이 모인다. 명예가 다가오고 사랑하는 친구들도 먼 곳에서 온다. 그가 움직이지 않아도 세상이 그를 찾아 이동한다.

평면 이동하는 삶은 점이다. 하지만 그 점을 꾸준히 이으면 도형(그래프)이 된다. 지금은 김 모 씨처럼 이리 가고 저리 갈 것이다. 하지만 시간이 지나고 진득이 노래하다 보면 되레 세상이 자기에게 다가오는 것을 느끼게 되리라.

삶의 방정식을 따라 오늘도 힘차게 점을 찍자. 마침 아점(아침 겸 점심) 시간이다.

22
집합

> 집합(*set*)은 어떤 명확한 조건을 만족시키는 서로 다른 대상들의 모임이다.
> 출처: 위키디피아, 집합

필자가 군대에 있을 때이다. 선임 병사가 잠을 깨운다. "내 밑으로 다 집합이야. 막사 뒤로 나와." 그리고 "퍽! 퍽! 퍽!", "악! 악! 악!". 이유는 생각이 안 난다. 집합 = 구타라는 트라우마만 남았다. 하지만 그 순간 나는 수학을 배웠다.

집합은 그 대상이 명확한 모임이다. 따라서 선임 병사가 말하는 '내 밑으로는' 선임 병사가 입대한 날 이후로 들어온 김 일병, 박 일병 그리고 나다. 이 세 명이 집합된 원소다. 선임 병사는 아마도 수학의 귀재였던 것 같다.

어느 날 후임이 들어왔다. 하지만 선임들이 모두 녀석과 눈도 잘 안 마주친다. 도리어 상전 모시듯 챙겨준다. 그렇다. 그는 장군의 아들이었다. 그날 밤도 선임 병사가 내 밑으로 집합하라고 한다. 그리고 한마디 덧붙인다. "어제 자대 배치받은 장 이병은 제외.". 이로써 나는 조건을 만족하는 집합을 새로 배웠다. 조건 제시법이다.

> {m, n은 자연수, $1 \leq n \leq 5$}는 1부터 5까지 모든 자연수의 집합 {1, 2, 3, 4, 5}이다.
> 출처 : 위키디피아, 조건제시법

다행히 큰일 없이 제대했다. 이제 '내 밑으로 다 모여' 같은 이상한 집합은 안 해도 된다. 그런데 갑자기 동장 아주머니가 편지봉투를 건넨다. 다행히 연애편지는 아니었다. 예비군 동원 명령이다. 수학동에 사는 예비군은 내일 아침 9시까지 수학 초등학교 운동장으로 모이라는 내용이다.

아침에 나가 보니 제법 많이 모여 있다. 예비군 동 대장님이 나와서 우렁차게 말한다.

"오늘 동원령에 참여해 주신 119명의 예비군 여러분 감사합니다.~"

우리나라는 군 생활을 마쳐도 일 년에 한두 번 집합해야 한다. 119명의 수학동 예비군은 원소가 유한한 유한 집합이다. 동 대장님이 말을 이어간다.

"우리 모두는 역사적 사명을 띠고 이 땅에 태어났습니다. 저 하늘의 별들만큼 빛나는 기상과 ~~~."

저 하늘의 별들? 별 하나 별 둘 세다 지쳐 잠든 그 별이다. 무한하다. 저 하늘의 별들은 무한집합이다. 지금 이 순간도 태어나는 별들로 우주는 채워지고 있다.

동 대장님이 말을 마친다.

"여러분처럼 국가에 충성하고 나라를 사랑하는 예비군이 있기에 평화를 지킬 수 있습니다. 감사합니다. 이만 해산!!!"

주변을 둘러본다. 다들 잠이 덜 깬 표정이다. 배도 고프고 날도 춥고 빨리 집에 가고 싶어 하는 게 분명하다. 국가에 충성하고 나라를 사랑할 만한 사람은 아무도 안 보인다. 원소가 하나도 없는 집합, 공집합이다.

> 집합 A에 속하는 모든 원소가 집합 B의 원소이기도 하면, A를 B의 부분집합이라 하며, 기호는 $A \subset B$이다.
> 출처: 위키디피아, 부분집합

엄마 뱃속에서 이리 뻗어 보고 저리 꿈틀댄다. 엄마의 자궁 안에 내가 들어가 있다. 엄마의 목소리가 나지막이 들린다.

"내 새끼… 귀여운 내 새끼…."

아기 곰 마냥 신나고 행복하다. 나는 엄마의 부분집합이다. 나는 엄마에 포함된다.

세상에 '응애!' 하고 나왔다. 메아리가 울린다. 사실 우리는 쌍둥이다. 우리 형제는 $\{a, b\}$다. 한 방에 누워 있다. 엄마가 이유식을 줄 때 한 명씩 거실로 데려가 먹이신다. 이 방을 집합이라고 할 때 4개의 부분집합이 만들어진다.

둘 다 방에 없을 때 $\{\emptyset\}$

형만 방에 있을 때 $\{a\}$

동생만 방에 있을 때 $\{b\}$

둘 다 방에 있을 때 $\{a, b\}$

이를 부분집합의 멱집합이라고 한다. 멱은 승수를 말한다. 원소가 n개일 때, 부분집합은 2의 n승(멱)이 되어서 붙인 말이다.

누가 엄마의 사랑을 더 받는가? 똑같다. 우리는 발가락도 똑같다. 엄마가 나를 형인 줄 알고, 형이 난 줄 안다. 그러니 둘 다 사랑한다. 그래도 더 사랑받고 싶다. 우리 엄마는 내 거였으면 좋겠다.

『손끝으로 원을 그려봐 가능한 한 크게 그걸 뺀 나머지만큼 널 사랑해』. 원태연 시인의 시집 제목이다. 시에서 우리는 합집합, 교집합, 여집합, 차집합을 다 발견할 수 있다.

　시인은 수를 시로 표현하였다. 원은 둥글다. 손끝도 둥글다. 손끝의 원이 손끝으로 그린 원과 겹쳐 있다. 둘을 하나로 묶으면 합집합이다. 겹쳐 있는 공간은 교집합이다. 단항식의 공간에서 당신은 원을 그렸다. 그린만큼을 빼보자. 그게 여집합이다. 그 공간이 우주라면 우주만큼이 여집합이다. 손끝의 원과 손끝으로 그린 원은 겹쳐 있다. 겹친 두 개 원에서 어느 한쪽을 빼면 남는 공간이 생긴다. 차집합이다.

　사실 엄마는 이런 마음이었다. 손끝으로 원을 그려봐, 작아도 괜찮아. 합집합, 교집합, 여집합, 차집합을 다 더한 것보다 더 너를 사랑해. 아기는 그래서 행복하다.

23
교환법칙과 결합법칙

연산한다는 것은 뭘까?

연산(*operation*)은 공집합이 아닌 집합에서, 집합에 속하는 임의의 두 원소로부터 제3의 원소를 만드는 것이다.
출처: 위키디피아, 연산

지금 우리는 집합 공간에 와있다. 집합을 연산하면 제3의 원소를 만들 수 있다는 뜻이다.

집은 집합이다. 그 안에 엄마와 아빠가 있다. 연산한다. 제3의 원소, 아이가 만들어진다. 이럴 수가. 흥부네 집에서 얼마나 많은 연산이 일어난 걸까?

두 개의 집합을 교환법칙으로 연산해 보자. 과연 제3의 원소가 만들어질까?

$A = \{1, 2\}, \ B = \{3, 4\}$

$A \cup B = \{1, 2\} \cup \{3, 4\} = \{1, 2, 3, 4\}$

$B \cup A = \{3, 4\} \cup \{1, 2\} = \{3, 4, 1, 2\}$

교환법칙으로 두 개의 집합을 연산하니 아주 새로운 집합 두 개가 생겼다.

집합은 원소들이 모인 것이다. 제3의 원소라고 해도 무방하다. 아빠를 많이 닮은 첫째 딸, 엄마를 많이 닮은 둘째 아들이 있다. 둘은 성격도 그렇게 조금 차이는 난다. 하지만 둘 다 사랑스러운 아이들임은 분명하다.

우리 식구는 셋이다. 큰아이는 핸드폰을 갖고 싶어 한다. 핸드폰 값도 그렇지만, 통신비가 만만치 않다. 고민이다. 그런데 아이가 큰 공약(公約)을 내놓는다.

'핸드폰을 사주시면 이번에 꼭 일등을 하겠어요.'

정치 수완이 대단하다. 공약인 걸 알면서도 사줄 도리밖에 없다.

다행히 내 친구 수학이가 핸드폰 가게를 한다. 그동안 나한테 얻어먹은 밥값을 하려는지 새로운 통신 상품을 보여준다. "한 집안 세 식구 결합 상품, 파격 할인가 통신 요금 30% 절약!". 굉장하다. 셋이 통신사를 결합하면 통신 요금이 더 싸진다고 한다. 결합법칙이다.

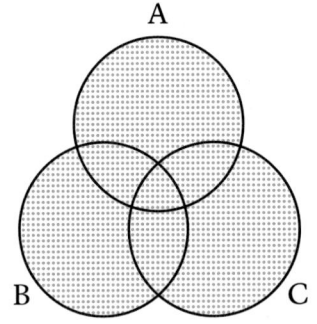

$(A \cup B) \cup C = A \cup (B \cup C)$

겹치는 구간만큼 싸지는 거다. 이리저리 결합해도 같은 모양이다. 수학아 고맙다.

다음 달 청구서가 날아왔다. 수학이가 약속한 선물권도 왔다. 선물권에 메시지도 있다. "10년 약정에 감사드립니다~". 그러면 그렇지.

24
명제 조건

명제는 참과 거짓이 분명하다. 모호하면 명제가 아니다.

"가재는 게 편이다."

늘 그런 건 아니다. 가재의 마음에 따라 바뀔 수 있다. 따라서 명제라고 말할 수 없다.

세상엔 참인 명제와 거짓인 명제들이 있다. 살아가는 동안 우리는 참인 명제와 거짓인 명제에 따라 희로애락을 함께한다. 한때 참이었던 것이 거짓이 되는 경우, 이별을 한다. 그리고 새로운 만남을 통해 참과 거짓을 구분한다.

"모든 것은 변한다. 변하지 않는 것은 변한다는 사실뿐."

그리스 철학자 헤라클레이토스의 명제다.

그는 자신의 명제를 참으로 만들기 위해 조건을 들었다. "모든 것은 변한다."라는 명제를 참인 진리집합으로 놓기 위해 "다만, 모든 것은 변한다는 사실은 제외한다."라는 조건을 만들었다. 철학과 수학이 맞닿아 진리를 낳았다.

일반적으로 명제는 가정과 결론으로 구성된다.

명제는 가정(p)하고 결론(q)한다.

$p \rightarrow q$

결론(q)을 앞세우고 가정(p)으로 진행할 수도 있다. 이를 '명제의 역'이라고 한다.

$q \rightarrow p$

명제의 역을 모두 부정해 보자.

$\sim q \rightarrow \sim p$

이는 명제 $p \rightarrow q$에 대한 대우가 된다. 명제와 그 명제의 대우는 동치 관계다. 명제가 참이면 대우도 참이 되고, 명제가 거짓이면 대우도 거짓이 된다. 꼴은 다르지만, 논리적으로 같은 의미다.

> 동치는 두 문장이 논리적으로 같다는 것을 의미한다. 이것은 한 문장이 참이면 다른 한 문장도 참이고, 한 문장이 거짓이면 다른 문장도 거짓이 된다는 것을 뜻한다.
> 출처: 위키디피아, 동치

한 남자가 사랑하는 여인과 마주하고 있다.

그는 결연하다. 그녀는 불안하다. 저 남자의 사랑이 격한 풍랑처럼 거칠기만 하다. 배에 철썩이는 파도처럼 때론 아프고 날카롭다. 하지만 그 파도가 마냥 싫지는 않다. 그녀의 항해는 그의 해류와 만나 생동한다. 목석같은 남자지만, 오늘은 말랑하고 따스하다. 멀쑥한 평소와 달리 남자도 꾸미니 멋지다. 무척 안절부절못하던 그가 드디어 말을 건넨다. 남자의 성격답게 명제를 꺼낸다. 프러포즈다.

【명제】 $p \to q$
- *그대가 나와 결혼한다면(p) 그대는 행복해질 것입니다(q).*

그녀는 당황한다. 갑자기 결혼이라니. 말문을 잇지 못한다. 동공은 커지고, 입술은 떨린다. 그 역시 자신의 진실이 바로 닿지 못함을 알고 있다. 그래서 아까의 명제를 역으로 돌려 말한다.

【명제의 역】 $q \to p$
그대가 행복해질 수 있다면(q) 나는 당신과 결혼할 것입니다(p).

명제의 역을 들은 그녀는 마음을 가다듬고 차분히 대답한다.
"내가 행복해지는 것이 꼭 왜 당신과의 결혼이어야 하죠. 저는 다른 꿈이 있어요. 고마운 말씀이지만 청을 거둬주세요."

이제 남자가 당황한다. 명제의 역이 꼭 참인 것은 아니다. 그녀의 대답은 논리적이다. 하지만 그녀를 사랑한다. 앞선 명제의 대우를 이용해 다시 진심을 전한다.

【명제의 대우】 $\sim q \to \sim p$
당신이 행복해질 수 없다면(~q), 나는 당신과 결혼하지 않을 것입니다(~p).

그녀는 다시 흔들린다. 분연한 그의 눈빛과 굳센 입은 진실을 말하고 있다. 목석같던 그가 아니었던가. 지금의 말은 강철보다 강하고 산들바람보다 부드럽다. 과연 그녀의 선택은?

To be continued 25. 명제 증명

25
명제 증명

국어사전에 보면 정의란 "사물의 뜻을 명백히 하여 규정한다"는 의미다. 뜻을 명백히 하려면 증명과 정리가 필요하다.

증명은 어떤 명제가 참인지 거짓인지를 증거를 들어서 밝히는 것이다. 증명된 거짓 명제는 더 이상 쪼개어 보지 않는다. 하지만 증명된 참인 명제는 쪼개고 쪼개어 본다. 그래서 더 이상 쪼개어 볼 수 없는 상태가 되면 그제야 정리를 하게 된다. 이렇듯 참인 명제의 가장 기본이 되는 것을 정리라고 한다. 명제는 증명하고, 정리한다. 수학에서 명제를 정의하는 방법이다.

아직 참인지 거짓인지 잘 모르는 명제가 있다. 제일 먼저 할 일은 증명하는 것이다.

증명도 방법이 있다. 앞서 우리는 그녀의 마음의 흐름을 보았다. 그는 자신의 진심을 증명해야 한다. 그래서 대우를 이용했다. 명제의 대우는 동치, 즉 같기 때문이다. 다른 방법도 있다. 귀류법이다. 명제의 결론을 일단 부정한다. 그 뒤 모순이 생기는 것을 본다. 만약 그렇다면 그 명제는 참이 된다.

아직 그녀는 대답하지 않았다. 집에 돌아왔다. 마음이 아린다. 복잡하고 두렵다. 그의 프러포즈는 명제다. 명제의 대우를 사용하며 자신의 진심을 증명한 그가 싫지만은 않다. 수학을 좋아하는 그녀는 귀류법으로 그의 명제를 증명해 본다.
"내가 그 남자와 결혼한다면 나는 행복해질 것이다."
그의 명제를 자신의 입장으로 바꿔 보았다. 같은 말일 거다. 귀류법을 써본다.
"내가 그 남자와 결혼한다면 나는 불행해질 것이다"
모순이 있는지 찬찬히 본다. 미래의 일이니 아무도 모른다. 그 남자와 결혼하지 않을 수 있다. 그리고 그 남자와 결혼하든 안 하든 행복과 불행은 어떻게든 찾아올 것이다. 그 남자와의 결혼이 나의 불행과 행복과 무슨 상관인가.
귀류법을 써서 나의 명제를 증명해 보니 모순이 발견된다. 사실 그가 말한 명제도 이러한 모순이 있다. 그렇지만 그는 자신의 진심을 전달했다. 믿어보자. 무엇보다 나는 그가 좋다.

명제를 대우해서 증명하든 귀류해서 증명하든, 우리 마음은 항상 변한다. 참이다 거짓이다 말하기 힘들다. 영화 제목처럼 지금은 맞고 그땐 틀리다. 하지만 수(數)의 세상에선 다르다. 수는 마음에 따라 값을 달리하지 않는다. 따라서 대우법과 귀류법은 명제를 증명하기 위한 좋은 방법이 된다.
부등식은 사건의 겹치는 구간 또는 만나는 구간을 찾고 그 관계를 해석하기에 유용하다. 함수의 부등식은 사건을 해결하거나 갈등을 해소하는 데 좋은 증명 방법이다.

부등식에 대한 증명 중 재미있는 정리가 있다. 산술평균, 기하평균, 조화평균의 대소에 관한 관계 정리다.

산술평균 $\dfrac{a+b}{2}$

기하평균 $\sqrt{ab}$

조화평균 $\dfrac{2ab}{a+b}$

$$\dfrac{a+b}{2} \geq \sqrt{ab} \geq \dfrac{2ab}{a+b}$$

산술평균은 내분한 중점이다. 앞서 우리는 평면좌표 단원에서 내분을 배웠다. 그리고 버스 좌석 옆자리 앉은 쩍벌남을 응징하기 위해 내분된 중점을 사용했다. 점과 점을 이으면 직선이 된다. 구하는 두 점이 이어진 직선을 내분해 가운데에 위치한 중점이 산술평균이다. 다시 말해, 두께가 없는 선인 1차원에서 중간 위치를 구하는 것이다.

기하평균은 두 평면적의 중간 면적이다. 2차원 평면의 중간을 구하는 것이다. a라는 면적을 지닌 평면과 b라는 면적을 가진 평면이 있다. a와 b 면적의 중간 크기 면적을 가지는 평면을 구하는 것이다.

  면적이 a인 정사각형 한 변은 $\sqrt{a}$

  면적이 b인 정사각형 한 변 길이는 $\sqrt{b}$

  a와 b의 기하평균 $= \sqrt{a} \times \sqrt{b} = \sqrt{ab}$

당연한 이야기지만, 모든 직사각형 면적은 정사각형 면적으로 만들 수 있다. 모양이 중요한 게 아니다. 그 안을 채우는 면적이 나온다. 따라서 정사각형의 각

변이 가로와 세로가 되며, 이를 곱하면 중간 면적이 나온다. 그래서 기하, 다른 말로 도형 평면이라고 했나 보다.

마지막으로 조화평균이다. 이 역시도 평면 좌표 단원에서 배웠다. 바로 외분이다. 조화평균에 대한 수학적 정의를 살펴보자.

> 조화평균은 주어진 수들의 역수의 산술평균의 역수를 말한다.
> 출처 : 위키디피아, 조화평균

잠시 해변으로 가보자. 바닷가에서 맥주(학생은 콜라)를 한잔하고 있다.

황금빛 맥주가 잔에 채워지는 비율이 외분이다. 외분 중점은 이 잔에 더도 덜도 아닌 그 반을 차지하는 비율이 될 것이다. 조화로운 상태다. 그래서 영어로도 *harmony mean*이다. 식으로 돌아가서 하나씩 살펴보자. 이를 위해선 역수의 개념을 다시 살펴봐야 한다.

1의 역수는 1이다. $\frac{1}{1}$

2의 역수는 0.5이다. $\frac{1}{2}$

4의 역수는 0.25이다. $\frac{1}{4}$

100의 역수는 0.01이다. $\frac{1}{100}$

거꾸로 해보자.

$\frac{1}{100}$ 즉, 0.01의 역수는 100이다.

$\frac{1}{4}$ 즉, 0.25 의 역수는 4 이다.

$\frac{1}{2}$ 즉, 0.5 의 역수는 2 이다.

$\frac{1}{1}$ 즉, 1 의 역수는 1 이다.

양수인 유리수를 역수 하면 0과 1 사이에 실수로 담긴다. 큰 수는 0과 가까워지고, 작은 수는 1과 맞닿아 있다.

그대 앞에 컵이 있다. 그 컵에 물이 반 정도 채워져 있다. 그대가 생각한다. '물이 반밖에 없네.' 또는 '물이 반이나 남았네.'

둘 다 같은 현상이지만, 역수의 세상을 물이 반이나 남은 세상이라고 가정하고 산술평균을 해보자. 외분을 해서 그 가운데의 비율을 알 수 있다. 현실에 많은 것이 이 공간에선 모자라다. 반대도 마찬가지다. 많거나 적은 세상에서 가득 차거나 모자란 거꾸로의 세상으로 이동한 것이다.

이제 다시 공간 이동을 하자. 앞서 산술 기하 조화평균의 대소를 비교하려면 같은 공간에서 어우러져야 한다. 가득 차거나 모자란 거꾸로 세상에서 많거나 적은 세상으로 이동하자. 외분된 중간값을 역하면 된다. 이제 서로의 꼴이 같아진다. 같은 공간에 다항식으로 놓여 있다.

조화평균은 사회를 지탱하는 공정과 닿아있다. 열심히 일한 자가 더 많이 가져가야 한다. 기여가 많으면 대우받아야 한다. 정직함이 유리해야 한다. 이것이 조화평균이 추구하는 바다. 하지만 이 조화는 현실에서 이뤄지기 힘들다. 조화평균이 역수의 세상에 존재하는 꼴과 비슷하다. 열심히 한 자가 손해 보고 기여가 많아도 냉대받는다. 정직하면 바보가 된다. 그래도 조화평균을 지키자. 어느 순간 으라차차! 뒤집기 한 판 할 날이 반드시 온다. 조화평균의 힘이다.

어느 정도 정의에 익숙하니 이를 바탕으로 증명하는 것은 여러분에게 맡기겠다. 그것이 조화롭다.

26
함수와 그래프

직장생활을 하다 보면 가끔 표를 그리게 된다. 이런 모양이다.

구분	수도	국가	매출액(달러)	비고
1	서울	대한민국	2,300억	
2	런던	영국	2,200억	
3	도쿄	일본	3,400억	
4	워싱턴	미국	7,500억	

수도와 국가만 보자. 서울과 대한민국, 런던과 영국 등 수도와 국가는 하나에 하나씩 대응한다. 이런 경우를 집합 수도에서 집합 국가로의 함수라고 부른다.

함수는 하나씩 정해지는 관계다. $y = f(x)$라는 함수는 x라는 정의역으로 y라는 공역이 단 하나 정해진다. 저 표에서 보면 '대한민국'이라는 공역에 '서울'이라는 정의역이 하나씩 대응하는 모습이다. 만약 범주가 넓어지면 광주도, 대구도, 부산도 모두 정의역이 될 수 있다. 하지만 공역은 하나여야 한다. 그래야만 함수가 된다.

정의역에 대해서 고민해 보자. 영어로 *domain*이다. 어디서 많이 들어 보았다.

"네이버 홈페이지 도메인이 어떻게 되나요?"

"*naver.com*입니다."

여기서 *naver.com*은 정의역(*domain*)이다. 그렇기 때문에 공역(*codomain*)은 네이버 홈페이지다.

*naver.co.kr*이란 도메인을 인터넷 주소 입력창에 넣어보자. 아까와는 조금 다른 도메인이다. 그래도 네이버 대문 페이지는 그대로다. *naver.net*이라는 도메인을 입력해도 마찬가지다. 다양한 정의역(*domain*)에 대응하는 단 하나의 공역(*codomain*)은 네이버 대문 페이지이다. 인터넷 주소 입력창은 하나의 함수다. 그래서 정의역인 네이버 주소 등을 대입하면 공역인 네이버 홈페이지가 나온다.

구분	수도	국가	매출액(달러)	비고
1	서울	대한민국	2,300억	치역
2	런던	영국	2,200억	치역
3	도쿄	일본	3,400억	치역
4	워싱턴	미국	7,500억	치역
5	-	인도	-	-

인도라는 판매 국가가 추가되었다. 아직 판매점이 없다. 공역이지만, 정의역이 없다. 하지만 다른 국가들이 속한 행을 보면 비고란에 치역이라고 쓰여 있다. 이 행의 특징은 그 나라 수도에 판매점이 있다는 것이다. 그리고 수도와 나라는 하나씩 대응된다. 이러한 관계를 치역이라고 부른다. 공역에 속해져 있기에 공역의 부분 집합이기도 하다. 수학 기호로는 아래처럼 표기한다.

$f : x \rightarrow y$

$y = f(x)$

독립변수와 종속변수라는 생소한 어휘가 보인다. 독립은 자유롭고 종속은 갑갑하다. 독립은 혼자여도 괜찮지만, 종속은 누군가 있어야 한다. 독립은 독립군처럼 의기양양하지만, 종속은 식민지처럼 쓸쓸하다.

수학의 세계에서 독립과 종속은 어떤 관계일까? 아이와 엄마의 관계로 빗대어 보자.

아이는 독립하고 싶다. 나이가 먹고 이제 다 컸다고 믿는다. 삶의 고비 고비를 잘 넘겨가고 있다. 하지만 왠지 슬프고 울컥할 때가 있다. 그립다. 그리운 얼굴 하나, 어머니다.

어머니는 자식에 종속적이다. 아이 하나 잘 크는 게 세상 젤 큰 바람이다. 독립해서 어엿하게 가정을 이루고 있건만, 아침은 잘 먹는지 직장에서 꾸지람 듣진 않는지 걱정이 앞선다. 어쩌다 전화 한 통 자식에게 올 때면 눈물 꾹 참으며 몸 건강하라는 말만 되뇐다.

독립된 변수도 종속된 변수도 서로의 관계가 애틋하다. 치역은 영어로 *Range*이다. 예쁜 우리말로 하자면 품이다. 종속변수 엄마 품으로 독립변수 아이가 안기는 것이다. 그립고 따뜻한 함수다.

함수는 정의역에 대응하는 함숫값이 하나여야 한다.
함수 $y = 2x - 1$의 그래프를 그려보자.

x의 값에 의해서 하나의 함숫값 y가 정해지는 것이 보인다. 함수의 그래프가 맞다.

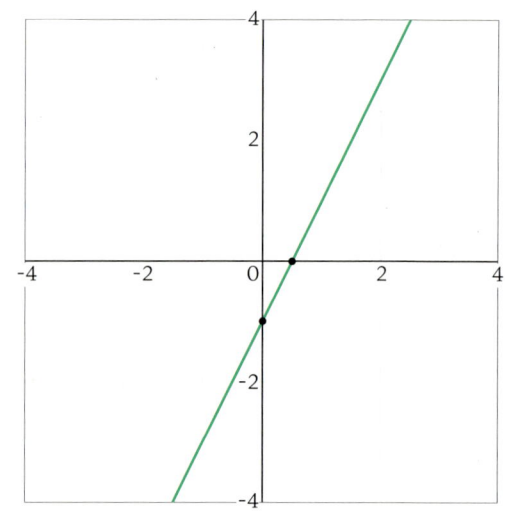

다음의 그래프를 연속해서 그려보자. 함수 $y = x^2$의 그래프다.

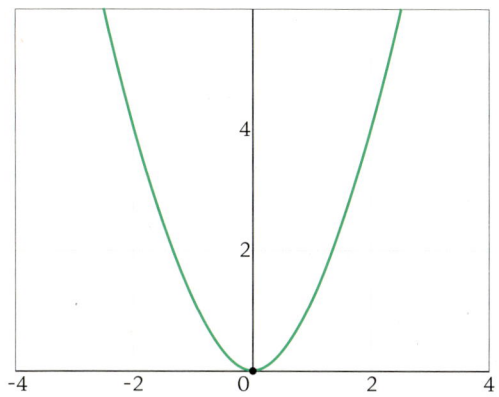

이 그래프는 함수의 그래프가 맞을까? 정답은 맞다. 하나의 x 값에 대응하는 y의 값은 하나다.

마지막 그래프다. 함수 $x = y^2$의 그래프다.

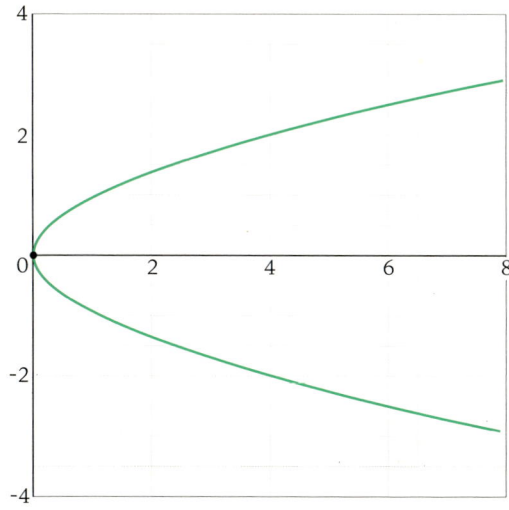

하나의 x 값에 대응되는 함숫값 y가 몇 개인지 세어 보면 이 함수의 꼴을 금방 알 수 있다.

정답을 맞춰가는 일이 그렇게 중요하진 않다. 함수로 만들어지는 순서쌍을 이으면 그래프가 되고, 이 그래프는 함수를 설명하기 알맞을 뿐이다.

애써서 그래프를 한 점 한 점 그려도 되지만, 간단히 함수를 입력하면 바로 그래프를 그려주는 *desmos.com* 같은 사이트를 이용하는 것도 좋다. 필자 역시, 나쁜 머리를 원망하기보다는 이 사이트를 통해 빠르게 그래프를 그려서 함수를 이해하곤 한다. 우리는 호모 사피엔스, 지혜가 있는 사람이니까.

27
합성함수와 역함수

논리학 삼단논법을 기호로 표기해 보자.

$p \to q$

$q \to r$

$r \to p$

글로 풀면 "나는 사람이다. 사람은 포유류이다. 따라서 나는 포유류이다.", "나는 당신을 사랑한다. 당신은 동물을 사랑한다. 따라서 나는 동물을 사랑한다."로 나타낼 수 있다.

먼저는 논리다. 두 번째는 감정이다. 그래서 왠지 어색하다. 하지만 두 번째가 더 설득력 있다. 인간의 구애는 논리가 아니기 때문이다. 이렇게 연결 연결하여 첫 번째 명제와 마지막 명제를 합쳐 하나의 논리를 만드는 것을 삼단논법이라고 한다.

이왕 논리학을 말한 김에 가정 삼단논법도 살펴보자.

당신은 모임에 참여해야 한다. 그런데 아버지가 위독하다는 전화를 받았다. 그래서 아버지가 있는 병원으로 가려 한다. 이때 모임 주모자가 당신에게 다음과 같은 가정 삼단논법을 사용한다고 가정해 보자.

"이 모임은 나라를 사랑하는 사람들의 모임이다. 나라를 사랑하는 사람이라면 누구나 참여해야 한다. 따라서 당신이 아버지에게 간다면 당신은 나라를 사랑하지 않는 것이다."

뭔가 어색하지만, 뭐라고 반론하기도 쉽지 않다. 이데올로기이기 때문이다. 포섭되지 말자. 수학하자. 저런 경우 '국사부일체'라고 하면 된다. '나라와 스승과 아버지는 하나다.'라는 뜻이다.

가정 삼단논법은 그 가정을 조절하면 된다. 말싸움에서 이기는 법이다. 논리학을 먼저 이야기한 까닭은 이 꼴이 수학의 합성함수와 유사하기 때문이다.

> 합성함수(*composite function*)는 한 함수의 공역이 다른 함수의 정의역과 일치하는 경우 두 함수를 이어 하나의 함수로 만드는 연산이다.
>
> 출처 : 위키디피아, 합성함수

naver.com이나 naver.net을 주소 입력창에 입력하면 네이버 대문 페이지가 나온다. 네이버 대문 페이지에서 로그인을 하면 네이버 메일을 볼 수 있다. '네이버 대문 페이지로 이동'이라는 함수에선 네이버 도메인이 정의역, 네이버 대문 페이지가 공역이다. '네이버 메일 확인'이란 함수에선 네이버 대문 페이지가 정의역이 되고, 네이버 메일 확인 페이지가 공역이 된다. 네이버 대문 페이지가 한 함수에선 정의역, 다른 함수에선 공역이 된다.

두 함수가 이어져 있다. 이 관계는 합성함수가 없이는 연결되지 못한다. 머피의 법칙이다. 일어날 일을 반드시 일어나게 하는 무언가다. 조금은 슬픈 합성함수도 있다.

"나는 당신을 사랑한다. 당신은 그를 사랑한다. 그래도…."

실망하지 말자. 언제든 뒤바뀔 수 있다. 역함수를 쓰면 된다.

> 역함수(*inverse function*)는 정의역과 치역(함숫값)을 서로 뒤바꾸어 얻는 함수이다.
> 출처 : 위키피디아, 역함수

우리는 명제의 역과 대우를 공부했다. 명제가 참이면 대우도 참인 것을 알고 있다. 하지만 명제의 역은 참일 수도 거짓일 수도 있다. 만약 명제의 역이 참이라면 어떻게 될까? 아무 일도 일어나지 않는다. 그냥 명제의 역인데 참인 것뿐이다.

"목이 긴 기린 그림이라면 내가 그린 기린 그림이다."
"내가 그린 기린 그림이라면 목이 긴 기린 그림이다."
참일까 거짓일까? 아직 모른다. 조건을 하나만 더 넣어 보자.

(조건) 방안에 있는 목이 긴 기린 그림 한 점이 있다.
"목이 긴 기린 그림이라면 내가 그린 기린 그림이다."
"내가 그린 기린 그림이라면 목이 긴 기린 그림이다."

이제야 좀 참 같다. 내가 그린 그림과 목이 긴 기린 그림이 대응한다. 앞으로도 뒤로도 마찬가지다. 우영우 토마토 역삼역이다. 'ㅇㅇ이면 ㅁㅁ이다'가 참일 때 ㅁㅁ이면 ㅇㅇ도 참이 되는 함수를 역함수라고 한다. 만약 역으로 했을 때 거짓이면 역함수가 아니다.

고정관념에 빠져 있을 때 역발상을 하라고 한다. 다른 말로 역함수를 사용하라는 뜻이다. 고정 관념은 고정될 만큼 참인 경우로 인식되는 명제다. 그것 자체가 참일 수도 있다. 이럴 때 역발상을 해보자.

"머리가 좋아야만 수학을 할 수 있다."
역발상, 즉 역함수를 이용해 보자.
"수학을 하면 머리가 좋아진다."

어느 쪽이든 참이 된다. 지금 우리는 수학을 함으로 계속 좋아지고 있다.

28
다항함수

일차함수 $y = ax + b$는 다항식으로 만들어진 다항함수다. 길게 이어진 직선 모양이다. 끝도 시작도 알 수 없다. 하지만 직선이다. 어딘가 끝이 있으리. 아니 그곳이 시작일 수도 있다. 점과 점을 이은 두께가 없는 선이다.

수식에서 a는 마음이 가는 곳이고 b는 기대어 있는 곳이다. 마음이 가고 기대고 싶은 누군가가 있을 때 만남이 있다. x축에서 한 번, y축에서 한 번이다.

'x에 관한'은 x가 변하는 것이다. 나라고 하자. 저 함수에서 스스로 변하는 유일한 것이다. y는 무얼까? 운명이다. x를 바꾸면 y도 바뀐다. a는 마음을 가다듬는 일이다. b는 환경을 이용하는 일이다.

마음을 가다듬고 환경을 이용하며 운명을 만드는 것, 인생이다. 아쉽게도 우리 인생은 조건이 있다. 수명이다. 언젠가 죽음을 맞이한다. 무한한 순서쌍인 일차함수에도 조건을 만들 수 있다. 어디서부터 어디까지를 조건으로 범위를 정할 수 있다.

절댓값은 무엇일까? 부호가 없는 수? 그렇게 알고 있다. 그렇게 보이기 때문이다. 하지만 조금 떨어져서 보자. 한 걸음 또 한 걸음 한참 뒤에서 보자. 이제 어디가 기준인지도 잘 모르겠다. 사방이 확 트였다. 이리저리 고개를 돌려 보아도 들판이다. 다시 절댓값을 바라보자. 어디에서 어디만큼의 거리만 남는다. 부호는 이제 흔적도 없다. 절댓값은 거리다. 0점으로부터의 거리다. 거리는 음수가 없다.

빗변 길이의 공식을 보자.
가로^2 + 세로^2 = 빗변^2
거리를 구하는 피타고라스의 정리가 절댓값을 설명해 준다.

부산은 서울에서 얼마나 떨어져 있나요? $500km$ 정도 됩니다. 조건이기도 하다. 부산은 서울에서 딱 그만큼만 떨어져 있어야 한다. 만약 더 멀거나 가깝다면 부산이 아니다.

함수에 절댓값이 있으면 어떻게 될까? 절댓값 함수에 조건이 생긴다. 이 함수는 원점과 딱 얼마만큼의 거리를 가지고 있어야 한다. 거리는 허수가 될 수 없다. 눈에 보이기 때문이다.

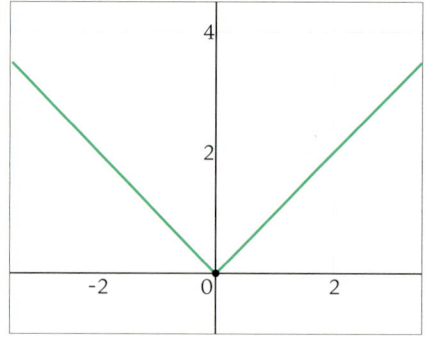

$y = |x|$

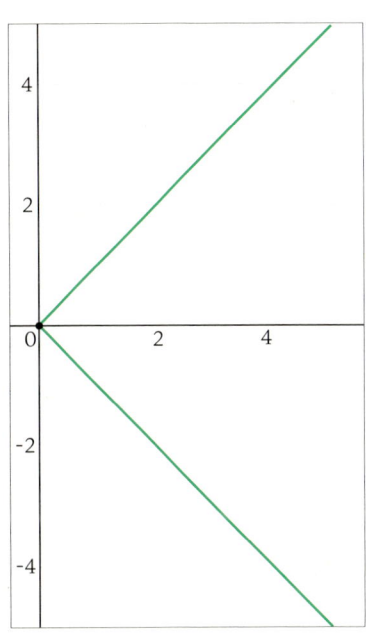

$|y| = x$

그래서 양수다. x가 절댓값이면 y는 양수다. y가 절댓값이면 x는 양수가 된다. 어쨌든 절댓값의 결과는 거리고 양수다.

공이 벽과 바닥에 부딪혀 다시 튀어 나가는 모양이다. 오고감이 명확하다. 방향이 꺾이는 것은 그곳으로 갔기 때문이리라. 한 발 더 전진하는 데 망설일 필요는 없다. 저 벽을, 이 바닥을 딛고 우리는 또 다른 여행을 할 수 있을 테니까.

절댓값은 영어로 *moduls*, 즉 강한 성질이다. 튼튼하고 단단한 하루하루를 위해 절댓값을 사용해 보자. 어디로 튈지는 모른다. 그래도 밝고 빛날 것임은 분명하다. 절댓값은 거리이자 밝은 수, 양수(陽數)니까!

29
유리함수

유리수는 합리적인 수이다. 합리적인 수가 유리수이다.

이러한 순환 정의는 이해할 수 없다. 합리적이라는 뜻이 많이 사용되지만, 수에 적용하니 도리어 그 의미가 불명확하다. 수학의 의미로 굳이 해석하자면 어떠한 법칙이나 논리가 담겨 있다는 뜻이다.

> 유리 함수(*rational function*)란 두 다항함수의 비로 나타낼 수 있는 함수다.
> 출처 : 위키디피아, 유리함수

분자와 분모의 관계로 맺어진 어떠한 수의 꼴을 유리식이라고 말한다. 그러나 아직은 뭔가 손에 잡히지 않는다. 자세히 들여다보자.

유리수란 분모와 분자의 꼴을 가진다. 유리수는 끝이 보이거나 끝이 보이지 않아도 반복되는 꼴을 가지고 있다. 분자와 분모로 놓이는 상태, 그렇게 나온 결과는 분모에 대비한 분자의 비다. 하나가 다른 하나를 안고 서 있다. 안고 있는 분모(엄마)에 안긴 분자(아기)가 차지한 만큼이 비율이다. 이 비율은 모자라거나 알맞거나 넘친다. 그리고 나름의 규칙이 있다.

유리식은 다항식으로 이어져 있다고 했다. 다항식은 공간이 모인진 거니 이에 빗대어 생각해 보자.

수학아파트 103동은 총 50가구가 산다. 이 중 10가구는 강아지를 키운다. 두 공간의 관계를 유리수로 보면 0.2다. 0에 가까우니 강아지를 키우는 가구의 비율이 그다지 높아 보이진 않는다. 103동 주민 모두가 강아지를 키운다면 서로의 관계는 1이다. 사람이 사는 집이기도 하지만, 강아지들에게도 편안한가 보다.

멀고 가깝거나 넘치거나 모자란 관계를 유리수가 말해 준다. 우리의 관계와 관련된 수이다. 그래서 부모와 자식 관계에 빗대 분모, 분자로 용어를 정리한 듯 보인다.

유리수는 비율이다. 넘치거나 딱 맞거나 모자란 관계를 말한다. 비율은 같으나 다른 모양을 가진 관계가 있다. 아주 우연하게도 103동의 강아지 키우는 가구 수 비율과 주석 마을의 강아지 키우는 집의 비율이 동일할 때와 같은 경우다. 두 개의 유리수가 그 모양과 크기는 조금 다르지만 같은 값을 가질 때 비례식으로 표현한다.

두 개의 비 $a:b$와 $c:d$가 같을 때
$a:b=c:d$로 나타내고 이 식을 비례식이라고 한다.
비율이 유리수로 변하고 유리수가 다항식의 곱으로 보이는 것을 본다.

$2:4=3:6$

수가 운동해야 하므로 복소수를 사용한다.

$$\frac{2i}{4} = \frac{6i}{3}$$

$$\frac{2i}{4} \times \frac{1}{i} = \frac{3i}{6} \times \frac{1}{i}$$

$$\frac{2}{4} = \frac{3}{6}$$

$$2 \times 6 = 4 \times 3$$

도형으로 다시 보자.

외분점을 복소수를 사용해 이동시킨다. 그리고 $\frac{1}{i}$ 을 양변에 곱해 실수로 만든다.

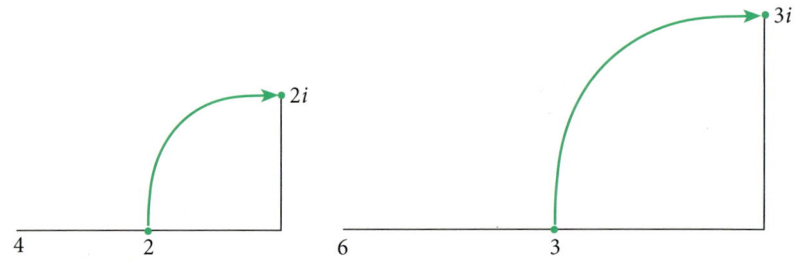

서로 분자를 바꾸어 곱한다. 그 모양은 조금 달라도 크기는 같다. 비율을 크기로 바꿔 놓고 보니 정갈하다.

외분된 점을 복소수를 써서 공간 좌표로 이동시킨다. 그리고 눈에 보이도록 복소수를 약분해서 다시 유리수의 세계로 데려온다. 그다음 서로의 분모를 서로의 분자에 바꿔 곱을 해보니 그 공간의 크기가 동치, 즉 똑같다.

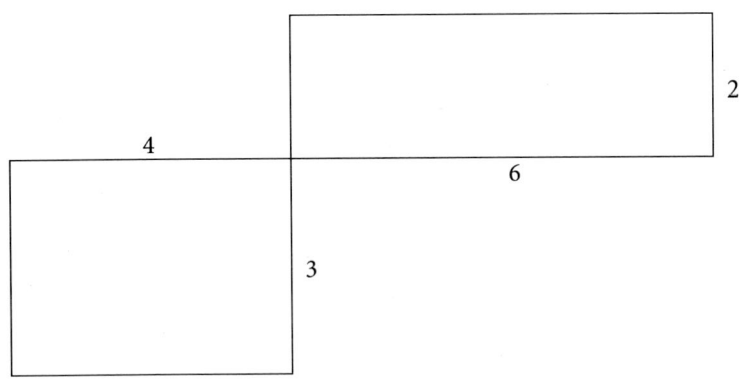

인생을 살다 보면 좀 잘하는 것도 있고, 못 하는 것도 있다.

성적일 경우 평균 아래다. 축구인 경우 신난다. 사실 부모님은 살짝 속상하다. 그래도 괜찮다. 축구를 하면 체력이 좋아진다. 체력이 좋으면 공부할 힘도 난다. 공부를 하다 보니 생각하는 힘이 좋아진다. 생각하며 축구를 하다 보니 어느새 축구 선수를 거쳐 감독, 그리고 축구 해설자가 된다.

서로가 서로를 채우며 좋아져 간다. 모자랐던 면들과 비대했던 면들이 맞대어 연결되어 있다.

그렇다. 못한다고 포기 말고 잘한다고 자만 말자. 잘함과 못함이, 단점과 장점이 어우러지면 그 꼴이 더 단단하고 튼튼해진다.

이런 유리수를 함수에 담아서 그래프로 그려보자.

비율의 순서쌍을 하나씩 평면에 점 찍고, 그 점을 잇는 것이다.

1) $y = \dfrac{1}{x}$

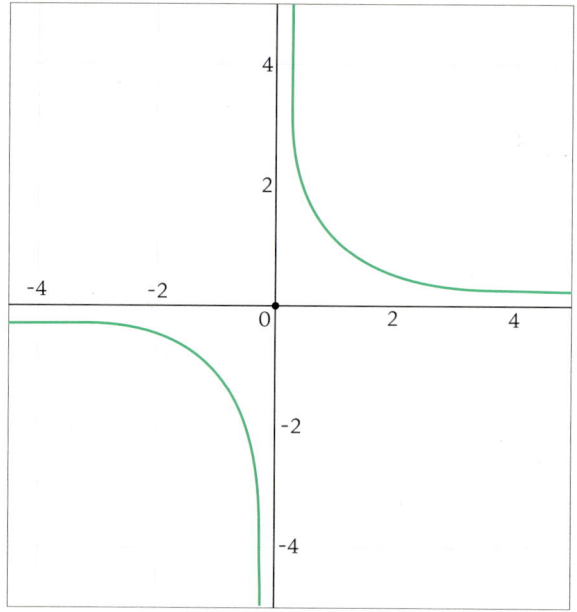

서로 마주하는 모양이다. 만나는 지점은 없지만, 대칭된다.

저 유리함수는 맑은 호수 표면을 나는 새와 같다. 새가 나는 모습이 그대로 물에 비친다. 물구나무라도 선다면 물에 비치는 새가 나는 새로 보일 것 같다.

저 두 그래프가 대칭되는 모습, 서로를 닮았지만 또한 반대인 꼴이 유리함수의 순서쌍을 연결한 것이다. 두 개의 곡선이라고 해서 쌍곡선이라고도 한다.

다른 방법으로 곡선을 맞대어 보자.

2) $y = \dfrac{1}{|x|}$

절댓값은 거리라고 했으니 y축의 거리만큼은 서로 같다. 왠지 더 가까워진 느낌이다.

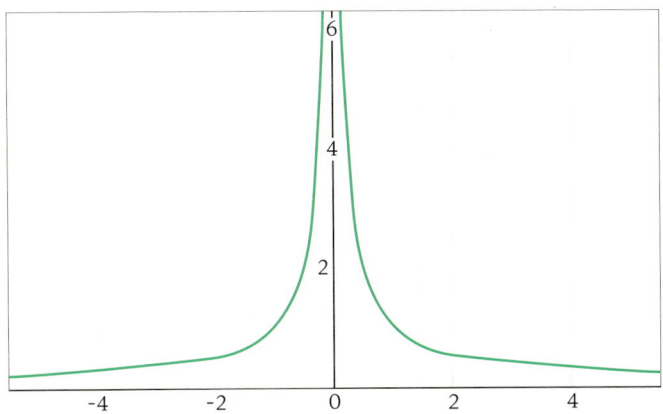

3) $|y| = \dfrac{1}{x}$

  x축의 거리는 같지만, y가 달라진다. 무언가 한 방향으로 가는 모습이 정겹다.

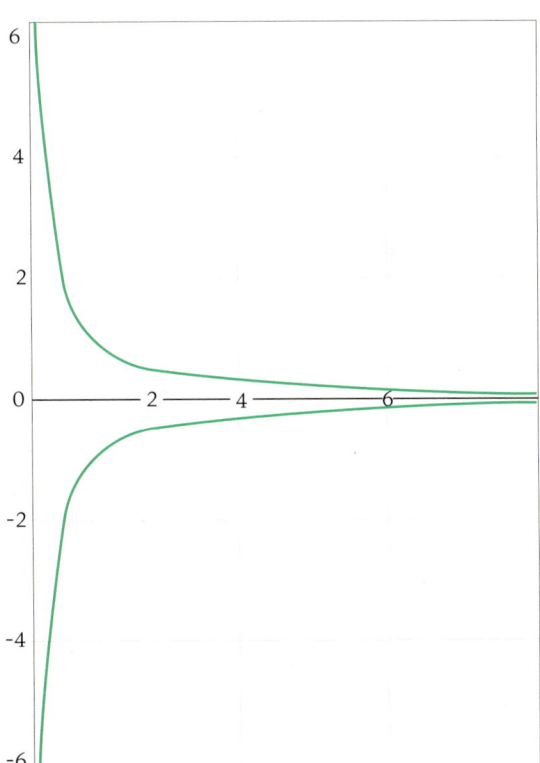

4) $|y| = \dfrac{1}{|x|}$

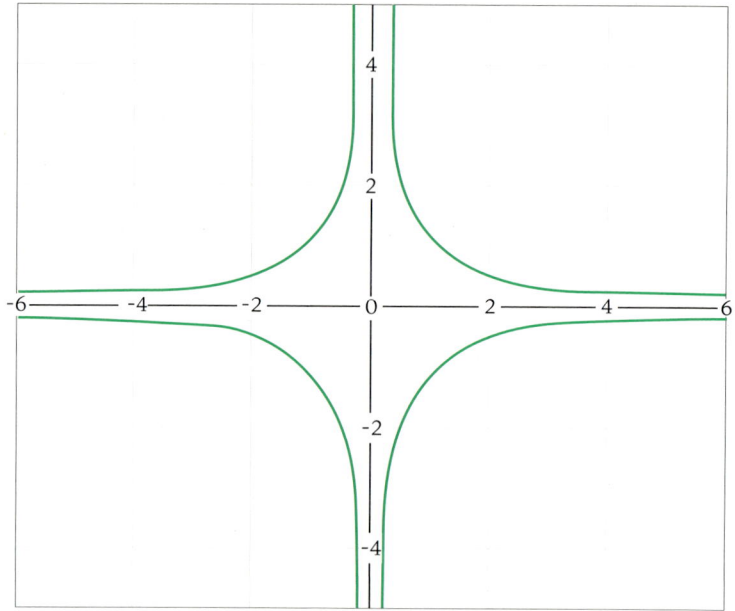

별처럼 빛난다. 서로를 놓인 그대로만 놓고 보니 별이 빛을 내듯, 불꽃놀이 폭죽이 터지듯 반짝인다. 자연의 모양에도 이런 질서를 찾을 수 있다. 계절이 네 개인 것처럼, 밤과 낮이 바뀌는 것처럼 자연스럽다.

오늘 하루 당신 삶을 채우는 평안과 분주함의 비율도, 슬픔과 기쁨의 비율도, 만남과 헤어짐의 비율도 서로 맞대며 이렇듯 빛날 것이다.

30
무리함수

　유리수는 합리적인 수, 바라봤을 때 처음과 끝이 명확하거나 그 끝을 가늠치 못해도 법칙과 논리가 보이는 수라고 했다. 그렇다면 무리수는 비합리적인 수일까? 아니다. 합리와 비합리는 우리가 따지는 생각일 뿐이다. 수가 의미하는 것은 좀 더 친밀하다.
　원태연 시인의 시집 제목 『손끝으로 원을 그려봐 그걸 뺀 나머지만큼 너를 사랑해』를 차용해 보자. 손끝으로 원을 그려봐, 그걸 유리수라고 할게, 그걸 뺀 나머지가 무리수야.

> 무리수(*irrational number*)는 두 정수의 비의 형태로 나타낼 수 없는 실수를 말한다. 즉 분수로 나타낼 수 없는 소수이다.　　　　　　출처 : 위키디피아, 무리수

　분수로 나타낼 수 있는 실수가 유리수다. 유리수는 비율이다. 가득 차거나 딱 맞거나 모자란 상태를 말한다. 이렇게 유리수의 성질로는 나타낼 수 없는 상태는 어떤 걸까?

지중해 햇살 따뜻한 바다 마을이다. 구릉에서 내려오는 바람을 타고 올리브 나무가 춤추듯 흔들린다. 나무 그늘 아래 오래된 와인하우스가 있다. 와인이 알맞게 숙성되었으니 와서 한잔하라고 한다. 인심 좋은 주인이 향 좋은 화이트 와인을 담아 잔을 내어준다. 황금빛 와인은 와인 잔에 알맞게 외분되어 채워져 있다. 한 모금 입 안에 넣고 와인의 풍미를 느껴본다. 한 모금 한 모금 어느새 잔이 비어간다.

이제 그것이 담겨 있는 잔을 보자. 와인 잔은 두 부분으로 나뉘어 있다. 손으로 쥘 수 있는 부분은 기둥 모양(스템)이고, 와인이 채워지는 부분(볼)은 둥근 형태다. 서로의 모양이 다르니 같은 성질의 비율로 표현하기 어렵다.

물질의 경계를 나누는 작업, 그것을 내분이라고 한다. 내분은 경계가 어딘지 알고 싶을 때 유용한 방법이다. 와인을 먹을 때 어느 부분을 잡을지 알게 해준다. 와인 볼을 받치는 스템을 쥐고 한두 번 흔들다 마셔야 그럴듯하다.

유리식은 비율에 알맞다. 무리식은 경계에 알맞다. 반대가 아니다. 서로서로 채워주고 받쳐준다. 수식으로 보자.

가로 = $\sqrt{2}$

세로 = $\sqrt{2}$

가로 × 세로 = $\sqrt{2} \times \sqrt{2} = 2$

루트 안에 수가 담겨 있고 곱해진 모양들이다. 경계가 있는 공간을 표현한다. 너비 또는 부피가 된다. 눈에 보이니 허근을 허용하지 않는다. 어떤 값들도 다 거리와 너비의 모양이다. 물질의 세계다. 경계가 지어진다.

무리수가 필요할 때가 있고, 유리수가 적절할 때가 있다. 수는 우리를 돕는 좋은 친구다.

무리함수 또한 수많은 순서쌍이 있다. 좌표평면에 이 점들을 나열하고 연결한다. 그래프 모양이다.

$y = \sqrt{ax}\ (a \neq 0)$

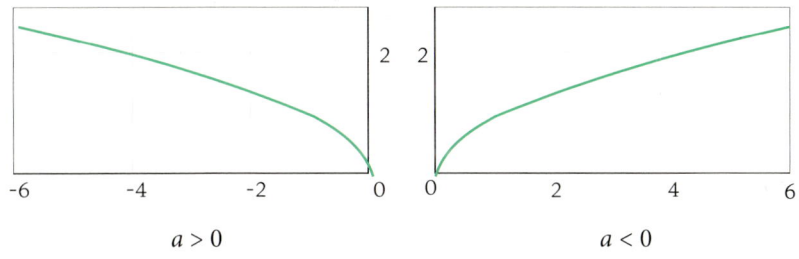

영점과 끝없이 멀어진다. 우주의 엔트로피와 같다. 다시 원래로 돌아가지 못한다. 씨앗이 자라 나무가 되고 나무를 태워 열을 내며 타고 남은 재를 바람에 날릴 수는 있지만, 그 반대는 안 된다. 시간의 흐름에 따라 사물들이 변화하고 경계 짓는 법칙이 무리함수의 그래프에 담겨 있다.

태어나고 살고 죽는 것, 만나고 살아가고 이별하는 것, 뿌리고 기르고 거두는 자연의 섭리 같다. 좋았던 삶도 힘들었던 걸음도 모두 한자리에서 만나 다시 각자의 길을 갈 것이다. 그래도 우린 외롭지 않다. 함숫값을 조정하면 언제든 다시 만날 수 있다. 그 길은 수학이 가르쳐 줄 것이다. 늘 그랬듯이 친절하고 명확하게.

31
지수

지수(指數)는 영어로 *exponent* 또는 *power*다. 사전을 찾아보면 지수, 즉 거듭제곱 기호는 주어진 수를 만들기 위해 어떤 똑같은 수를 몇 번 곱해야 하는지를 보여준다는 의미다.

8이란 숫자가 있다. 사실 크기나 부피로 봐도 무방하다. 일단 눈에 보이는 세상으로 내보내 보자. 8만큼의 부피를 가지는 입체가 있다.

지수로 보면 이렇다.

$8 = 2 \times 2 \times 2 = 2^3$

$8 =$ 가로 × 세로 × 높이(정육면체)

지수함수 $y = ax$ 의

2^3의 지수(x)는 3이고, 진수(y)는 8이다.

지수가 분수가 되는 경우도 있다.

$8^2 = 8 \times 8 = 64$

$8^{\frac{1}{2}} = ?$

지수가 자연수일 때는 알겠는데, 분수로 바뀌니 헷갈린다.

지수의 의미부터 살펴보자. 어떤 수가 있다. 그 수를 보니 같은 수가 여러 번 곱해진 모양이다. 사각형이라면 정사각형, 육면체라면 정육면체다.

$8^3 = 8 \times 8 \times 8 = 512$

$8^2 = 8 \times 8 = 64$

$8^1 = \sqrt{8 \times 8} = \sqrt{8^2} = 8$

$8^{\frac{1}{2}} = \sqrt{\sqrt{8 \times 8}} = \sqrt{\sqrt{8^2}} = \sqrt[2]{8}$ (간단히 $\sqrt{8}$)

$8^{\frac{1}{3}} = \sqrt{\sqrt{8 \times 8 \times 8}} = \sqrt{\sqrt{8^3}} = \sqrt[3]{8}$

기호에 대한 약속이 저렇게 되어있을 뿐이다. 지수가 정수든 분수든 같은 수를 여럿 곱해진 꼴은 그대로다. 안으로 들어가니 모양과 크기를 이루는 루트가 계속 나온다.

눈에 보이는 게 다는 아니다. 흔들리는 그림자는 꽃이 흔들려서다. 꽃은 바람이 불어서이고, 바람은 지구의 자전으로 생겨난다. 지구가 원을 그리며 진동하는 건 우리은하가 무한히 발산하는 탓이며 은하는 우주의 팽창과 함께한다.

살다 보면 흔들린다. 내가 왜 이러나 싶다. 어디로 가는지 모르고 서 있는 자리가 초라하기만 하다. 하지만 지금 이 순간이 다음 순간을 이루는 루트임을 잊지 말자. 이 낯선 하루를 반갑게 맞이하자. 우리는 제대로 알맞게 사는 중이다. 오늘 하루를 루트 삼아 힘차게 나아가면 된다. 그대의 루트를 응원한다.

32
로그

세상에 표현할 수 없는 수도 있을까?

없다는 말도 정답이고, 있다는 주장도 사실이다.

"표현할 수 없는 수는 없다."는 확신엔 '로그가 있기 때문'이라는 근거가 있다.

"표현할 수 없는 수도 있다."는 결론은 '로그가 만들어진 이유'가 된다.

우리는 이유가 항상 궁금하다. 호기심 천국이 바로 우리였다. 물어보면 답을 잘 안 해주거나 화를 내서 조용히 있었다.

$4 = 2^x$

$x = 2$

$3 = 5^x$

$x = ?$

마지막 물음표에 답할 수 있는 수는 분명히 있다. 하지만 우리가 알고 있는 수의 범위는 아니다. 정수를 모두 불러 모았지만, 못 찾았다. 유리수나 무리수 중 끝없이 반복되는 무한 순환 소수와 비슷하다. 참 좋은 수인데 지수로 표현할 방법이 없다.

3이라는 재료를 5라는 양념으로 거듭제곱해 요리했지만, 그 거듭제곱 수가 몇인지 며느리도 시어머니도 표기할 방법을 모른다. 손맛이라 부를까? 정성이라 말할까? 고민 끝에 수학자들은 로그(log)라고 불렀다.

$3 = 5^x$

$x = \log_5 3$

5를 얼마나 거듭제곱하면 3이 되느냐고 물어봤을 때 $\log_5 3$ 이라고 답한다.

따라서 로그도 숫자다. 숫자 차별하지 말자. 편견을 버리고 바라보자. 로그는 아직 알려지지 않은 숫자다. 기존 아라비아 숫자로 나타내기 어려워 로그로 표현한 것 뿐이다.

꿈에 그리던 이상형을 만났다. 심장이 두근두근, 얼굴이 상기되고 옷차림도 신경 쓰이며 말투 하나하나 조심스럽다. 잊으려 하면 떠오르고, 떠올리면 마음이 애달프다. 방금 봐도 또 보고 싶어 전화기를 만지작만지작, 채팅 이모지 하나에도 조심스럽다. 누구와 친한지 무엇을 좋아하는지 궁금증이 끝없다. 톡으로 마음을 전하려니 가볍고 전화는 부끄럽고 만나서 고백하는 건 아닌 듯하며…. 끝이 없는 마음의 흔들림을 하나로 정리해 보자.

"♡"

지수 = $\log_{밑} 진수$

진수 = $밑^{지수}$

말하지 않아도 서로 알 수 있는 마음이 있다. 표현할 수 없어도 누구나 끄덕일 경우도 많다. 세상에 드러난 많은 일 중 설명할 수 있는 게 얼마나 될까? 우리 앎이 부족해서도 있겠지만, 설령 안다 해도 표현 못할 때가 많다. 답답한 냉가슴을 어떻게 해야 할까? 그 한을 풀려 우리 선조들은 흥얼흥얼 가락을 만들고, 바위든 종이든 그림을 그렸나 보다. 때론 몸짓으로 풀어 춤을 추거나 다양한 표정으로 그 느낌을 전달했을 거다.

각자의 문화가 다르지만, 생각하고 느끼는 꼴은 엇비슷하다. 웃을 땐 좋고, 울 땐 슬프며, 화가 나면 소리가 커지고, 화해할 땐 보듬는다. 표현할 방법이 없는 감정과 생각을 어떻게든 나타내려 한다. 그러다 오해도 있고 미움도 생긴다.

아이를 키우다 보면 부모님의 엄함이 사실 사랑임을 알고 감사해한다. 그럴 때 세상에 부모님이 안 계시면 무덤가 앞에서 큰절 올리고 먼 산 한 번 본다. 그리운 마음이 철새와 같이 날아간다.

수의 틈새에 로그가 있다면 삶의 틈새엔 정이 있을 거다. 그놈의 정 때문에, 그리고 정이 있어서 살맛난다. 수학에 정들길 바란다. 수학은 그대의 정다운 친구다.

33
상용로그

필자는 3D 게임을 개발한 적이 있다. 게임에서 몬스터를 공격하게 하려면 삼각함수를 사용해야 했다. 개발하는 도중, 앞선 선배들이 만들어 놓은 코드를 보고 감탄해 마지않은 적이 있다. 백여 줄 이상의 코드로 사인, 코사인, 탄젠트의 값을 하나하나 적어 놓았기 때문이다. 호도법(라디안)을 이용해 원을 이루는 모든 각도 값을 정리해서 상수로 만들어 놓았다. 컴퓨터를 못 믿어서가 아니라, 동일한 계산을 굳이 계속할 필요가 없어서였다.

이미 계산해 놓았으니 사용자 컴퓨터가 좋든 나쁘든 상관없다. 똑같은 연산을 안 해도 되니 서버의 부하도 당연히 적어진다. 이런 방법을 수학에서 대수표를 참조한다고 한다.

로그는 아라비아 숫자로 표기하기 어렵다고 앞서 말했다. 하지만 우리는 10진수를 사용한다. 그래서 10을 밑으로 하는 진수와 관련된 지수만큼은 미리 표로 다 만들어 놓았다. 상용로그표를 읽는 방법도 단순하다. 좌측 끝에 나온 소수

점 숫자 끝의 상단에 있는 숫자를 찾으면 알맞은 지수가 표에 담겨있다. 그러니까 어느 정도 다 계산해 놓고 참조하게끔 해놓았다. 앞선 수학자들의 배려다.

< 상용로그표 >

N	0	1	2	3	4	5	6	7	8	9
1.0	0.0000	0.0043	0.0086	0.0128	0.0170	0.0212	0.0253	0.0294	0.0334	0.0374
1.1	0.0414	0.0453	0.0492	0.0531	0.0569	0.0607	0.0645	0.0682	0.0719	0.0755
1.2	0.0792	0.0828	0.0864	0.0899	0.0934	0.0969	0.1004	0.1038	0.1072	0.1106
1.3	0.1139	0.1173	0.1206	0.1239	0.1271	0.1303	0.1335	0.1367	0.1399	0.1430
1.4	0.1461	0.1492	0.1523	0.1553	0.1584	0.1614	0.1644	0.1673	0.1703	0.1732

상용로그(common logarithm)는 밑이 10인 로그를 말한다.

출처 : 위키피디아, 상용로그

$log\ 10 = log_{10} 10 = 1$

$log\ 100 = log_{10} 100 = 2$

$log\ 1000 = log_{10} 1000 = 3$

1980년대 컴퓨터 게임들은 대수표를 놓고 암호를 푸는 어드벤쳐 방식이 많았다. <인디아나 존스>, <원숭이 섬의 비밀> 등 걸작 게임을 즐길 때 대수표를 놓고 스테이지마다 나오는 수수께끼와 암호를 풀었다. 플로피 디스크 10장에 담긴 게임을 사면 게임 가게에서 암호가 적힌 대수표도 친절하게 복사해 주었다. 가끔 게임 관련 잡지를 사면 인기 게임에 나오는 암호를 풀 수 있는 대수표가 별첨으로 들어 있었다. 누가 시키지 않아도 게임 암호를 푸는 대수표를 서로 나눠 보며 중간중간 나오는 문제를 풀었다.

하지만 고등학교 때 상용로그 대수표를 봤을 때는 그냥 훑고 말았다. 도대체 왜 쓰는지 무엇에 필요한지 알 수 없었다. 사실 로그를 이해할 맘이 없었다. 흥미진진하지 않았다.

상용로그표가 왜 필요한지 알기 위해 다시 한 번 수학 어드벤쳐 게임 속으로 들어가자. 게임 제목은 <안달루시아 양떼의 비밀>이다.

주인공은 수학책을 보다가 과거로 가는 타임머신을 발견했다. 그는 수학책에 나온 타임머신을 타고 중세 안달루시아 산맥 아래로 갔다. 가까운 마을 입구에 도착하니 웅성거리는 소리가 들린다. 목동과 상인이 양 값을 두고 흥정한다.

"자네 양값이 얼마라고?"

"한 마리에 3,240 페소일세."

"몇 마리 팔 건가?"

"324 마리 팔 걸세."

"그럼 얼마가 되는가?"

"그게 말이지…."

당시 사람들은 어떻게 저 곱을 했을까?

곁에서 두고 보니 이 문제를 풀 만한 사람이 아무도 없어 보인다. 이렇게 많은 양을 잘 키운 목동이 새삼 대단해 보이고, 이를 흥정하는 상인의 재력도 상당해 보인다. 하지만 이 거래가 성사되려면 흥정할 금액이 얼마인지 우선 알아야 한다. 스마트폰 계산기를 두들겨야겠다. 그런데 아뿔싸! 폰을 두고 왔다. 수학책 하나만 덩그러니 들고 왔다. 머릿속으로 암산하긴 제법 큰 수다. 다행히 주인공에게는 로그표가 있다.

$a \times b = c$

$\log a + \log b = \log c$

이 로그의 성질을 이용해 마리당 3,240 페소인 양 324 마리의 값을 구해보자.

$a = 3240, b = 324$

$a \times b = c$

$\log a + \log b = \log c$

(로그 대수표를 참조하면 $\log 3.24 = 0.5105$)

$\log 3240 = \log 1000 \times 3.24$

$\log 1000 + \log 3.24$

$3 + 0.5105 = 3.5105$

$\log 324 = 2.5105$

$3.5105 + 2.5105 = 6.021$

따라서 $\log c = 6.021$

$c = 10^{6.021}$ = 약 1,000,000

"어림해 백만(1,000,000) 페소 받으시면 됩니다, 어르신!"

끼어들 자리가 아닐지도 모른다. 그래도 한마디 해야겠다. 해질녘까지 계산에 골몰해 봐야 머리만 아프다. 일단 가격이 정해지니 목동과 상인이 흥정을 마친다. 깍지도 보태지도 않고 그 가격에 거래를 마무리한다.

목동은 셈을 도운 나에게 갓 구운 빵 한 덩이와 말린 양고기를 준다. 상인은 하룻밤 묵을 주막을 알아봐 주며 계산도 해줬다. 주인공 나는 안달루시아 산맥에 하얗게 뜬 보름달을 보며 중세의 하루를 만끽한다. 마침 축제 날인 듯 모닥불 아래 젊은이들이 모여 춤을 추고 노래한다.

아뿔싸, 생각해 보니 돌아가는 방법을 아직 모른다. 그래도 괜찮다. 수학책을 보다 보면 방법이 생각날 거다. 나 역시 춤추고 노래하며 함께 어울리자. ~~

[계속하려면 플로피 디스크 3번을 넣으시오….]

계산기를 써서 곱셈을 해보니 실제 값은 1,049,760 이다. 로그표로 계산한 값과 약간 차이 난다. 왜일까?

로그표는 근삿값이기 때문이다. 근사, 즉 가깝지만 완전히 같지는 않다. 앞서 말했듯이 로그는 아라비아 숫자로 표현할 수 없기에 사용한다. 따라서 상용로그표는 근사하지만 똑같지는 않다. 일부는 딱 맞을 수도 있지만 대개 근사치다.

$log\ 1 = 0$
$log\ 2 = 0.3010299956639811952137388 9472449$
$log\ 3 = 0.4771212547196624372950279 0325512$
$log\ 4 = 0.6020599913279623904274777 8944899$
$log\ 5 = 0.6989700043360188047862611 0527551$
$log\ 6 = 0.7781512503836436325087667 9797961$
$log\ 7 = 0.8450980400142568307122162 5859264$
$log\ 8 = 0.9030899869919435856412166 8417348$
$log\ 9 = 0.9542425094393248745900558 0651023$
$log\ 10 = 1.0000000000000000000000000 000000$

출처 : 나무위키, 32자리 로그표

그래도 로그를 이용하면 덧셈만 가지고 큰 수의 곱을 어느 정도 어림할 수 있다. 만약 곱셈을 백 번 한다면 상용로그표를 이용해 덧셈을 백 번 하는 게 당연히 편리하다. 물론 시간도 절약이다. 계산기가 없던 시절 이 로그표가 있어서 행복했을 수학자나 천문학자들도 많았을 것이다.

아인슈타인은 말했다.
"똑같은 방법을 반복하면서 다른 결과가 나오기를 바라는 사람은 정신병자다."

거꾸로 생각해 보자. 똑같은 방법을 사용하면 같은 결과가 나온다는 말이다.

우리는 지금껏 수학자들이 걸어온 길을 똑바로 따라왔다. 똑바른 결과가 나오는 것은 당연하다. 그가 발견한 상대성 이론의 공식처럼 말이다. 이 공식을 조금 다르게 보면, 에너지는 공간이다.

$E = mc^2$
$m = c$ 라면
$E = m^3 = m \times m \times m$

삼차원에 머물고 있다.

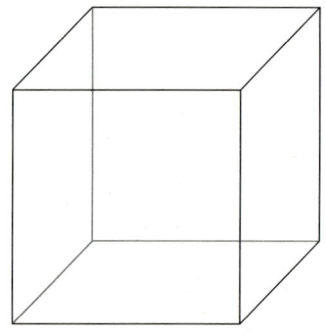

당신과 나, 그리고 수학하는 모든 이가 바로 저 에너지다. 행복 에너지를 지수로 무한히 확장하자.

34
지수함수와 로그함수

함수는 수많은 순서쌍의 모임이다. x, y에 관한 함수에서 역함수는 어떤 의미일까?

'x, y에 관한'이란 말은 x도 변하고, y도 변한다는 의미다. 그 변화의 역은 단순하다.

A 함수와 B 함수가 역함수일 때, 이렇게 정리된다.

$A.x = B.y$

$A.y = B.x$

A함수의 x는 B 함수의 y값이 되고, A 함수의 y는 B 함수의 x값이 된다.

가수 신성우 님의 <서시>란 노래가 있다.

"너는 내가 되고, 나도 네가 될 수 있었던 수많은 기억들~~".

역함수다. 수많은 기억을 무한한 순서쌍이라고 하자. 역적(逆賊)의 역(逆)도 같은 의미다. 신하가 임금이 되고 임금이 신하가 되려는 경우다. 뒤바뀐다. x가 y가 되어 기쁠 수도 있고 화날 수도 있다. 나누려는 자는 여유롭고, 뺏으려는 자는 분주하다.

지수함수와 로그함수는 서로 역함수 관계다.

> 로그(log)는 지수함수의 역함수로, 영어 로가리듬($Logarithm$)의 줄임말이다. 어떤 수를 나타내기 위해 고정된 밑을 몇 번 곱하여야 하는지를 나타낸다고 볼 수 있다.
> 출처 : 위키피디아, 로그

지수 = $log_{밑}$진수

진수 = $밑^{지수}$

로그함수 결과값은 지수다. 진수로 주어진 값을 만들려면 밑수를 몇 번 제곱해야 하는지 헤아리는 셈이다.

지수함수 결과값은 진수다. 밑수에 지수를 제곱해 만들어지는 진수를 찾는 셈이다. 진수로 지수를 찾는 게 로그함수이고, 지수로 진수를 찾는 게 지수함수다. 그래서 역함수다.

이름만 다르지 않다. 증가하고 감소하는 영역이 다르다. 다른 말로 이해관계가 딴판이다. 정의역($domain$)이 달라지니 여기에 영향받는 공역($codomain$)이 같지 않다.

두 함수를 그래프로 보자.
좌 상단의 그래프가 지수함수고, 우 하단의 그래프가 로그함수다.

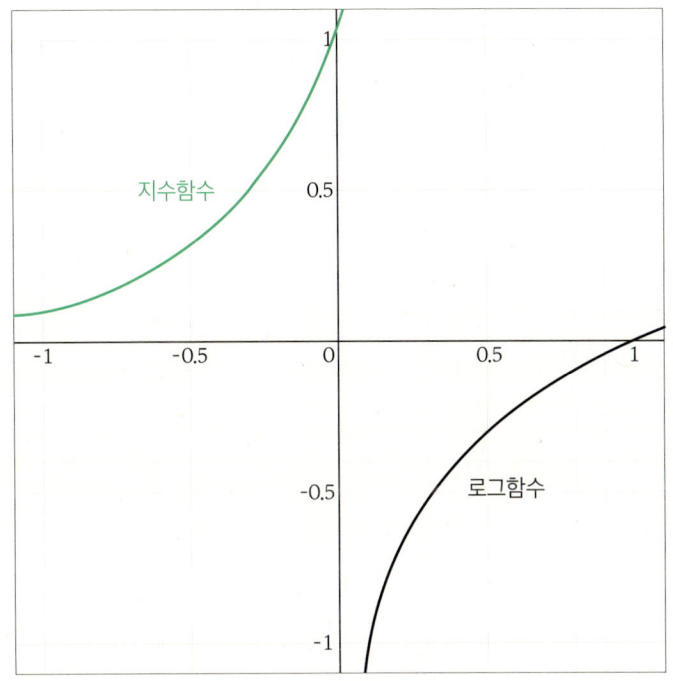

 마주보니 알겠다. 닮았다. 대각선으로 접으면 꼭 맞다. 팽팽히 반대의 입장을 취하고 있다. 하지만 내가 좌로 가면 그도 좌로 갔고, 내가 우로 가면 그도 우로 갔다. 서로 입장이 다를 뿐이지 애쓰는 꼴은 매한가지다. 입장 바꾸면 또 알 듯도 하다. 내가 있어 네가 있었던 거다. 나로 인해 네가 그랬던 거다. 내 탓을 네 탓으로 했던 거다. 겉모습이 어쨌든 우리는 마주본다. 팽팽히 대치하지만 말고 더 가까이 갈 수는 없을까? 방법이 있다.

 저 두 함수는 a가 1보다 큰 함수다.

 ($a = 10, a > 1$)

 $y = a^x = 10^x$

 $y = \log_a x = \log_{10} x$

내가 1이라면 욕망이 나를 앞선 거다. 상대방도 마찬가지다. 만나지 못하고 대립한다. 내가 좀 작아지자. 상대방도 그래야 한다. 겸손이다.

a를 1보다 작게 해보자.
($a = 0.5, 0 < a < 1$)
$y = a^x = 0.5^x$
$y = \log_a x = \log_{0.5} x$

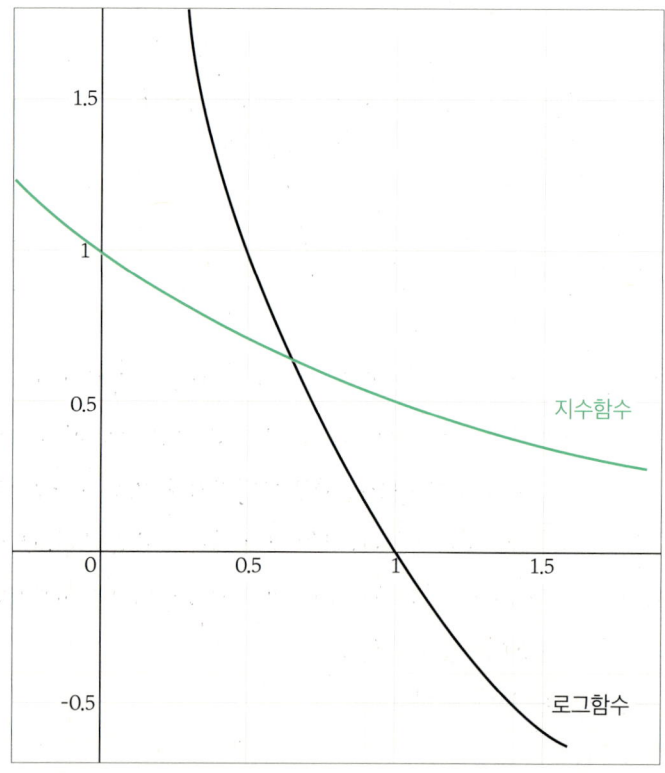

y축 절편 1을 지나는 그래프가 지수함수, x축 절편 1을 지나는 그래프가 로그함수다.

만나지 않을 듯한 역함수가 살포시 손을 잡는다. 둘이 합치니 함께하는 영역도 넓어진다. 하모니고 시너지다. 조화고 상생이다. 겸손의 힘이다. 서로의 것을 줄이니 함께해서 더 커진다.

역함수도 화해하게 만드는 수학의 힘이다. 내 것을 더 채우려 애쓰기보다 조금 모자라게 살아 보자. 내가 작아져도 함께하는 부분은 더 커진다. 서로 연대하면 새로운 희망이 움튼다. 만나고 동행하니 살아감이 외롭지 않다. 수학하는 기쁨이다.

35
지수방정식과 로그방정식

　방정식은 어느 특정 순간에 일어난 여러 사건을 나열해 보는 일이다. 지금 이 순간, 그때 그 시절, 내일 이맘쯤 상황마다 발생하는 사건이 모두 다르다. 미지수가 포함된 탓이다. 이 사건과 관련된 미지수가 누구인지, 무엇인지, 언제인지 알아내는 일이 방정식이다. 방정식의 해를 구하면 하나 또는 그 이상의 답이 나올 수 있다. 그중에서 상황에 꼭 맞는 사건을 찾아야 한다. 그래도 여럿이 나온다면 각자가 의미하는 바에 따라 구분하기도 해야 한다.

　두 연인이 싸웠다. 그녀는 헤어지자고 칼같이 말한다.
　방정식으로 살펴보자. 두 가지 이상의 의미다.
- 헤어짐을 원한다.
- 헤어지지 않기 위해 헤어짐이 주는 무게를 상기시킨다.
- 화가 나면 일상적으로 하는 말이다. 큰 의미 없다.
- 사실 내가 하고 싶은 말인데 먼저 말해주어 고맙다 등등.

많은 해 중 각자의 상황에 따라 값이 달라진다. 선택과 의지의 문제다.

이 문제를 푸는 데는 세 가지 방법이 있다. 서로 같은 마음이라면 그 마음을 두고 달라진 무언가를 조율한다. 그 과정에서 토라짐을 위로하고 무심함을 사과한다.

달라도 너무 다를 때도 있다. 그럴 땐 입장을 바꿔 보자. 역지사지다. 내가 네가 되고, 네가 내가 되어 보자. 네 탓이 내 탓이고, 내 탓이 네 탓인 줄 알게 된다. 이해가 되니 욕심도 줄어든다. 겸손한 마음도 덤이다. 다시 만나고 함께하게 된다.

이도 저도 안 되면 누구 한쪽이 상대방에게 맞춰야 한다. 그녀에 관해서만큼은 다 내려놓고 변화를 받아들여야 한다. 그리고 지금껏 모호했던 나를 인수분해해 정갈히 정리해야 한다. 마음이 변치 않았음을 또는 이미 변했음을 그가 알 수 있도록 정확히 보여줘야 한다. 방정식을 풀이하는 기본 해법이다.

【지수방정식 풀이】

① 밑을 같게 하는 법

$2^x = 4$

$2^x = 2^2$

$x = 2$

② 지수를 같게 하는 법

$2^x = 3^x$

$x = 0 \ (2^0 = 1, 3^0 = 1)$

같은 마음을 두고 다름을 해결하거나 역지사지로 입장을 바꿔본다. 모호했던 생각과 행동을 정확히 해 인연을 이어간다. 혹은 헤어지기도 한다. 지수방정식을 푸는 일과 비슷하다. 풀이가 어떠한지도 중요하지만, 풀이하는 세 가지 방법을 연애에 빗대어 봐도 마찬가지다.

사랑의 방정식은 지수함수다. 끝없이 발산하기도 하지만, 0으로 수렴하기도 한다. 무한한 순서쌍을 담은 이 함수가 있어 인생이 흥미롭다. 흥미를 너무 갖진 말자. 바람둥이다.

로그방정식도 지금 이 순간, 그때 그 사건, 내일 이맘쯤 일어나는 사건과 관련 있다. 다만, 조금은 단호한 선택이 필요하다. 로그방정식 진수가 가지는 속성 때문이다.

【로그 성질】

지수 = $log_{밑}$ 진수

밑 > 0 ≠ 1 이어야 하므로

진수 > 0 (진수는 음수를 배제한다)

로그에서 진수는 음수가 될 수 없다. 음수는 허수다. 눈에 보이지 않는다. 입체와 부피로 나타낼 수 없다. 있는 걸 알겠지만, 사실 있다고 말하기는 무리다. 아까 저 연인이라면 그의 말만 믿고선 더 이상 관계를 유지하지 못할 수 있다. 사랑한다면 행동해야 하는 까닭이다. 견물(見物)이 생심(生心)이다. 눈에 보여야 마음이 생동한다. 선물이 작아도 그 마음은 커 보일 때가 있다. 말로만 사랑한다는 그와는 다르다. 선택하기 위해선 어쩔 수 없다. 김만배의 다이아몬드 반지가 더 좋은 거다. 돼지꿈 천 번보다 복권 한 방이 제대로다.

그래도 음수를 택하는 사람도 있다. 자신이 넉넉할 때다. 빼도 빼도 남는 게 있으면 괜찮다. 손해 보는 사람은 약해서가 아니다. 여유로운 사람이다. 마음이 부자다. 늘 져주는 그와 같다. 한없이 부드럽지만, 결정적일 땐 성(城)보다 듬직하다. 그릇이 큰 거다. 그를 선택해야 할 이유다.

인생 방정식 미지수는 지금 이 순간이다. 지수방정식과 로그방정식을 풀 듯 생각을 전개해 보자. 요렇게도 생각해 보고, 그 반대로도 생각해 보는 거다. 알맞은 답은 분명히 있다. 방정식의 해법을 수학이 잘 정리해 주었다.

오늘을 풀어보자. 마음도 덩달아 풀자. 손해봐도 괜찮을 정도로 자아가 채워진다. 결국 삶에는 해답이 있다. 살아가면 되는 거다. 잘 살 필요는 없다. 계속하면 된다. 응원한다.

36
지수와 로그 크기 비교

어떤 자연수와 그 역수의 관계는 이렇다.

$2 = \dfrac{2}{1} \Rightarrow \dfrac{1}{2}$

n의 역수는 $\dfrac{1}{n}$

지수와 그 역수의 관계도 마찬가지다.

$2^2 = \dfrac{2^2}{1^2} \Rightarrow \dfrac{1^2}{2^2}$

n^x의 역수는 $\dfrac{1}{n^x}$

지수와 그 역수를 서로 곱하면 이렇게 된다.

$2^2 \times \dfrac{1}{2^2} = 1$

$2^2 \times 2^x = 2^0 = 1$

$2^{2+x} = 2^0$

$2 + x = 0$

$x = -2$

따라서 $\frac{1}{2^2} = 2^{-2}$

지수가 음수일 때의 변화를 설명한 이유가 있다. 머리 아프게 하려는 이유는 아니다. 지수의 역수가 지니는 변화 때문이다. 그러려면 먼저 자연수와 그 역수 간의 크기를 비교해 보는 게 필요하다. 숫자를 입체로 만들어 살펴보는 일이다.

n은 $\frac{1}{n}$ 보다 n^2 만큼 크다.

예) 2는 $\frac{1}{2}$ 보다 2^2 만큼 크다.

$2 = \frac{1}{2} \times 4$

자연수와 그 역수 간 크기를 비교해 봤다. 사실 밑을 지수만큼 거듭제곱한 진수는 자연수다. 즉, 지수도 같은 방식으로 비교한다.

부등이란 크고 작음을 보는 일이다. 둘이라면 그 둘을 비교한다. 지금이라면 어제와 비교하며, 여기라면 저기와 비교해 보는 일이다. 크거나 같거나 작다. 넘치거나 알맞거나 모자란다.

역수 관계는 크기가 다를 뿐 닮은 꼴이다. 야구공과 그 크기의 역수만큼 작은 야구공 간의 관계다. 둘 다 던지면 날아가고 바닥에 닿으면 통통 튄다. 수와 그 수의 역수의 중간도 분명하다. 1이다. 증명하자.

$2^2 \times 2^{-2} = 1$

$2^{2-2} = 2^0 = 1$

따라서 2^2와 2^{-2}의 평균은

2^0 즉 1

1, 즉 오롯이 나로부터 시작한다. 무언가 커지면 무언가는 작아져야 한다. 요만큼 커졌지만, 어딘가는 그 제곱 배만큼 작아져야 한다. 지수함수는 우리가 살아가는 공간을 설명해 준다. 직선이 아니다. 곡선이며 입체다.

오롯이 스스로를 1이라는 평균수라고 놓고 보자. 한쪽이 커짐은 다른 한쪽이 작아짐을 의미한다. 그 차이는 제곱 배이다. 균형을 맞추려면 부등식을 알아야 한다. 안 그러면 0으로 수렴, 절망하던가 무한대로 발산, 폭주한다.

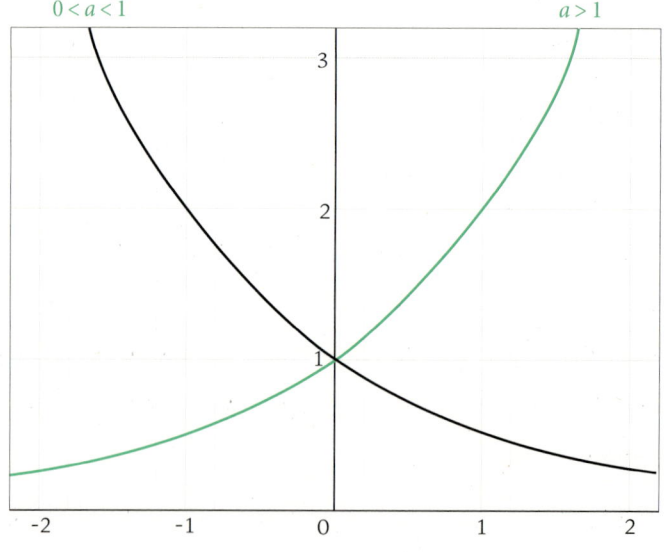

좌측에서 오르는 곡선이 $a > 1$보다 큰 지수함수다. 우측에서 좌측으로 내려

가는 곡선이 $0 < a < 1$인 지수함수다. $a > 1$과 $0 < a < 1$을 이루는 순서쌍은 역수 관계다. 둘이 만나는 y 절편이 1이다.

어디로 가야 할지 물어본다면 단연코 1이라고 답해주고 싶다. 넘치지도 모자라지도 않게 딱 알맞은 자리로 가야 한다. 사실 어렵다. 그래서 부등식을 사용해야 한다.

스스로 영광을 구할 때는 낮춰야 한다. 침륜에 빠져 있을 때는 도리어 한 발 더 내디뎌 보자. 지수함수가 보여주는 삶의 지혜다. 로그함수는 지수함수의 역함수다. 그러니 방법도 마찬가지다. 상대방의 편에서 생각해 보면 내가 나서는 것이 아플 때도 있고, 내가 물러남이 미덕이 되기도 한다.

지수와 로그의 관계가 서로를 닮은 우리임을 잊지 말자. 너와 내가 살아가는 세상에서 연대하고 희망하는 해법이다.

37
삼각함수

평면의 가장 작은 단위는 삼각형이다.

정삼각형을 보자. 모양을 이루는 세 선 길이가 같다. 삼각형 대표 선수다. 원도 평면이다. 이 정삼각형을 원에 살포시 놓아보자. 곡선과 직선을 모두 선이라고 보자. 철사를 구부렸다 폈다 해보는 거다.

원의 호와 가장 가까운 선을 호의 곡률에 맞게 휘어보자. 원 조각이 되었다. 다만, 원 꼭짓점부터 휘어진 선 양끝으로 벌린 내각이 조금 작아진다. 정삼각형에서 한 변만 곡선이 됐을 뿐, 모양을 이루는 세 변의 길이가 같다. 정삼각형 한 내각은 60°다. 이 원 조각 한 내각은 그보다 조금 작다.

하지만 그 크기를 아라비아 숫자로 표현하기엔 너무 길다. 무한하다. "김 수안무 거북이와 두루미 삼천갑자 동방삭 치치카카……". 저승사자가 이름 부르다 포기하고 갔다던 그와 같다. 그래서 다른 말로 부른다. 라디안(*radian*)이다.

라디안은 모든 변의 크기가 같은 원 조각 내각이다. 여러 삼각형이 있지만, 정삼각형이 대표 선수다. 여러 원 조각이 있지만, 1 라디안의 내각을 갖는 원 조각이 대표 선수다. 서로 다른 도형 대표들끼리 힘 자랑을 해본다. 경기가 끝나자 '우리는 하나'라며 부둥킨다. 올림픽 정신이다.

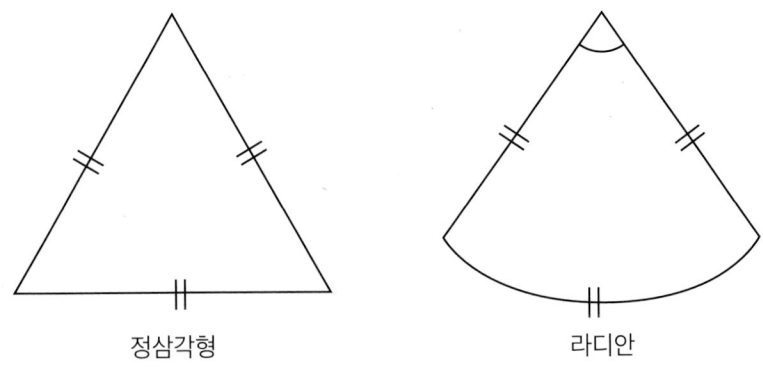

정삼각형   라디안

정삼각형 여섯 개를 빙 둘러 모으면 정육각형이 된다. 원에 가까운 도형이다. 주상절리다. 눈송이다. 자연이 저절로 하는 일이다. 육각형은 단단하고 절도 있다. 반면, 원은 고요하고 부드럽다. 각지지 않아서다. 뻗어 남을 휘었기 때문이다. 얼핏 둘이 다른 듯 보인다.

그러나 그렇지 않다. 무한한 삼각형을 모아 붙이면 결국 원이 된다. 하루하루 나뉜 삶의 날들을 다 더한 것과 같다. 시작한 곳과 끝난 점이 만난다. 온 곳과 갈 곳이 하나인 듯 다시 마주치며 순환한다.

반원의 각도를 라디안으로 바꿔 보자.
반지름이 1일 때
2Π = 원의 호 길이, Π = 반원의 호 길이
호 길이가 1일 때 각도를 $radian$ 이라고 하면
$1 : 1\ radian = \Pi : 180°$

$$1\ radian = \frac{180°}{\Pi} = 57.1745\cdots\cdots$$

$$1° = \frac{\Pi}{180°}\ radian = 0.017\ \ldots\ radian$$

비례식으로 라디안의 크기를 재어 봤다. 역시나 무한히 연속되는 꼴이다. 각도는 경계다. 내분이다. 지금 이 각도는 무한 순환소수다. 끝없이 펼쳐진다.

우주에도 경계가 있을까? 이 은하와 저 은하 사이에 경계는 매일, 매시간, 매초 바뀐다. 우주가 확장하기 때문이다. 경계 넘는 걸 주저하지 말자. 경계 스스로도 경계를 넘고 있다. 발걸음을 내딛자. 낯섦을 즐기자. 삼각형 한 변을 철사 구부리듯 살짝만 바꿔도 원에 속한 도형이 된다.

두려움을 용기로 바꾸니 새로운 공간으로 들어간다. 유연해진 탓이다. 팽팽한 줄을 잠시 풀고 날카로운 각을 조금 무디게 하자. 각 세우고 각각 살아서 좋을 일 없다. 조금 둥글게 사는 것도 괜찮다. 우리가 사는 지구도 그 오랜 세월을 버티며 둥글어졌을 게다. 계속하려면 그래야 한다.

다시 선을 팽팽히 당겨 삼각형으로 돌아가자. 직각 삼각형을 만들어야 한다. 밑변을 중심으로 반을 접어도 괜찮다. 내각의 한 곳이 직각인 삼각형이 직각 삼각형이다. 바로 서게 하는 일이다. 차렷 자세다. 새순이 돋는 모습이며, 나무가 자라는 방향이다.

직각 삼각형 세 변은 모두 같은 길이가 될 수 없다. 다름을 인정하지 않고선 직각 삼각형이 될 수 없다. 서로의 경계가 다르다. 따라서 관계도 새롭다. 땅을 내딛고 곧게 선 삼각형 안을 들여보자. 밑변은 땅에 착 붙어 있고, 높이는 하늘을 향해 꼿꼿이 뻗어 있다. 그리고 그 두 변을 잇는 빗변이 있다.

이 셋은 삼각관계다. 밑변인 수평과 높이인 수직이 서로 대립한다. 영원히 만나지 않을 듯하지만, 서로 기대어 사는 삼각형 세상이다. 더는 뻗지 못하고 더는 오르지 못할 때, 서로를 올려보고 내려본다. 빗변이 있어야 비로소 삼각형이 된다. 정과 반, 그리고 합이다. 이 관계를 다른 말로 삼각비라고 한다.

> 좌표평면에서 원점을 중심으로 하고 반지름 r의 길이가 1인 원을 단위원이라고 한다. 이 단위원 위의 점 $A(x, y)$에 대해 x축과 점 A와 원점을 잇는 직선 간의 각을 θ라고 하고, r이 반지름일 때 다음과 같이 정의한다.
>
> $sin\ \theta = \dfrac{y}{r}$
>
> $cos\ \theta = \dfrac{x}{r}$
>
> $tan\ \theta = \dfrac{sin\ \theta}{cos\ \theta} = \dfrac{y}{x}$
>
> 출처 : 위키디피아, 삼각함수

유리수로 표현되어 있다. 즉, 비율이다. 높아지려는 자존심과 뻗어나가는 배려심, 그리고 둘을 잇는 내 자아의 관계다.

사인은 자존심이 높다. 더 높아지려 한다. 자아도 덩달아 높아진다. 코사인은 배려심이 크다. 자아도 덩달아 넓어진다. 탄젠트는 이 둘의 관계를 잘 설명해 준다. 자존심이 높으면 배려심이 적다. 배려심이 많으려면 자존심을 낮춰야 한다. 자아는 이래도 그만 저래도 그만이다. 높든 넓든 맞춰 사는 거다. 자존심이 높은 사람도 있고, 배려심이 넉넉한 사람도 있다. 스스로를 높이면서도 널리 베푸는 사람도 있다. 너무 높아지다 보면 함께할 공간이 줄어든다. 너무 베풀어도 마찬가지다.

이 둘의 관계를 조율하는 일이 반드시 필요하다. 서로에게 적당한 관계여야 한다. 서로 어울릴 정도의 공간이 딱 좋다. 이러한 관계를 세타, 즉 밑변과 빗변이 만나는 내각이 말해준다.

　이 각이 크면 자존심이 높아진 거다. 겸손하자. 이 각이 낮으면 배려심이 넘치는 거다. 남보다 스스로를 먼저 챙길 때다. 45° 정도가 딱 좋다. 조화롭다. 자존심과 배려심의 길이가 같다. 단단하다.

　우리가 둥글게 모여 사는 원형에 꼭 맞다. 원의 중심에서 둘레의 호까지 선을 긋자. 호와 만나는 점에서 원의 x축 좌표까지 선을 내리자. 그렇게 만들어지는 삼각형의 관계는 이렇다.

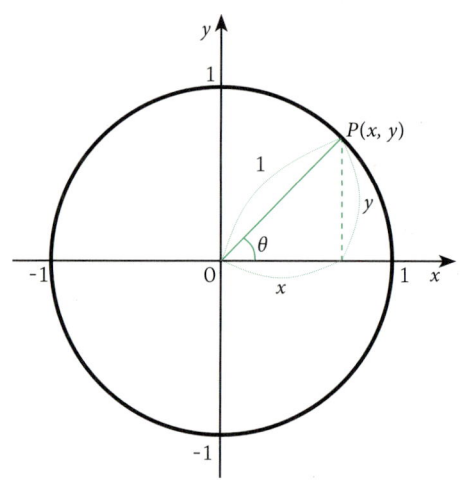

　함수는 무한한 순서쌍의 모임이다. 삼각함수 중 사인(sin) 함수 역시 무한한 순서쌍이 있다. 탄젠트(tan)도 코사인(cos)도 마찬가지다. 그 순서쌍의 모임을 미지수로 표현하면 (x, y)다. x에 관한, y에 관한 함수다. x와 y가 모두 변하고 있다. 무한한 순서쌍을 모으니 원이 된다. 둥글게 모여 산다.

어떤 순서쌍은 자존감이 높다. 다른 순서쌍은 배려심이 넘친다. 자존심과 배려심이 딱 알맞은 순서쌍도 있다. 이 원 속에서 4개의 순서쌍만 그렇다. 동서남북, 좌청룡 우백호, 북현무 남주작이다. 사막 하늘과 공해 바다에서 길잡이 역할을 하는 십자성이다. 나침반이다. 어디를 가도 함께 있다.

높이 올랐으면 잠시 내려오자. 멀리 갔으면 다시 돌아오는 거다. 인생이 어려운 듯 보여도 자존심과 배려심, 그리고 자아에 대한 삼각비를 알게 되면 나름 버겁지만은 않다.

원을 그리며 움직이는 삼각함수의 순서쌍을 바라보자. 삼각함수는 둥글게 살아가라며 수학이 우리에게 전해 준 선물이다.

38
삼각함수의 성질

빗변 길이가 1인 삼각형에서 사인(sin) 값은 높이다. 코사인(cos) 값은 밑변의 길이다. 탄젠트(tan) 값은 이 둘의 분자 분모 관계인 비율이다. 높아지려 하므로 높이는 자존심이다. 넓어지려 하므로 밑변은 배려심이 된다. 이 둘의 비율이 욕심의 크기다.

자존심(sin), 배려심(cos), 욕심(tan)의 삼각관계를 다시 보자.

자존심은 높아지려 한다. 배려심은 뻗어가려 한다. 자존심이 높으면 배려심이 적다. 배려심이 많으면 자존심이 낮다. 욕심(tan)은 자존심(sin)이 높을수록 그 값이 커진다. 배려심(cos)이 많을수록 욕심(tan)은 적어진다. 하나가 커지면, 다른 하나는 작아진다.

서로의 경계가 명확해서 생기는 관계다. 태어나서 살고 죽는 세 점을 잇는 궤적이다. 떼려야 뗄 수 없다. 하나의 꼴이며, 단항식이자 공간이다. 우리가 사는 곳이다. 바로 내 몸이며 가족이고 사회다. 이 삼각관계에 대한 수학적 정의를 다시 바라보자.

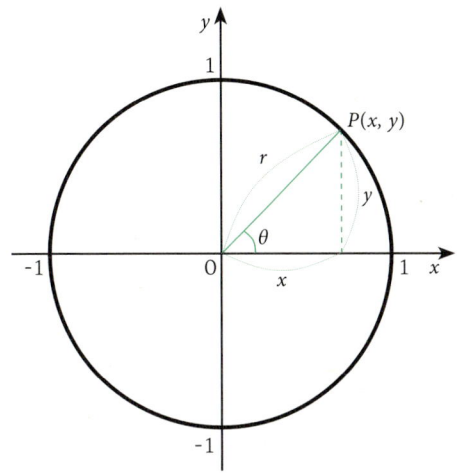

좌표평면에서 원점을 중심으로 하고 반지름 r의 길이가 1인 원을 단위원이라고 한다. 이 단위원 위의 점 $A(x, y)$에 대해 x축과 점 A와 원점을 잇는 직선 간의 각을 θ라고 하고, r이 반지름일 때 다음과 같이 정의한다.

$sin\ \theta = \dfrac{y}{r}$

$cos\ \theta = \dfrac{x}{r}$

$tan\ \theta = \dfrac{cos\ \theta}{sin\ \theta} = \dfrac{y}{x}$

출처 : 위키디피아, 삼각함수

이 비례 관계를 자세히 보면 변치 않는 무언가가 있다.

r 즉, 반지름이다. 지름의 딱 반이다. 거리다. 절댓값이다. 원점에서 시작해서 원의 경계까지 거리, 즉 내가 속한 무언가다. x와 y가 끝없이 변해도 이 크기는 일정하다. 자존심과 배려심 사이 변치 않는 한 가지다. 꿋꿋하다. 그래서 이 관계가 이뤄진다.

반지름 크기가 일정하므로 삼각함수 관계가 생긴다. 이 값은 절댓값이다. 허수가 없다. 코사인(cos), 탄젠트(tan), 사인(sin) 모두 허수, 곧 음의 영역일 때도 있다. 하지만 반지름은 거리이므로 양수다.

태어나 살며 끝내 죽음으로 수렴하는 인생이다. 하지만 매순간 급수의 합은 양의 실수다. 자존심(sin)과 배려심(cos), 그리고 욕심(tan)이 변해도 차분히 그 자리를 지키고 있다. 자존심이 높다고 자아가 커지지 않는다. 배려심이 넓어도 자아는 그대로다. 욕심은 말할 것도 없다. 이 관계를 통해 원이 그려진다. 원의 방정식이다.

이 관계를 잇는 수식을 보자.

$$sin^2\theta + cos^2\theta = r^2$$

$$\left(\frac{y}{r}\right)^2 + \left(\frac{x}{r}\right)^2 = r^2$$

$r = 1$일 때

$$x^2 + y^2 = 1$$

다항식은 공간을 이어 붙인 꼴이다. 자존심을 제곱하고 배려심을 제곱해 더해본다. 높고도 넓은 어떤 자아가 될 듯하지만, 결국 그 자리다. 질량이 보존되듯 자아도 보존된다. 주어진 그만큼이 가장 큰 축복이다. 모자람도 없고 넘침도 없다. 크기가 중요하지 않다는 뜻이다.

따라서 경계가 아니라 비율이 중요하다. 나를 바라보는 기준 역시, 크기가 아니라 비율이다. 한계 속에서 지혜롭게 살게 만든 신의 배려다. '배려가 계속되면 권리가 된다'는 명언이 있다. 타인을 비난하는 말 이전에 배려심의 본질을 살펴보자.

$$tan\ \theta = \frac{sin\ \theta}{cos\ \theta}$$

$$cos\ \theta = \frac{sin\ \theta}{tan\ \theta}$$

이 관계에서 코사인(cos)은 탄젠트(tan)가 일정할 때 사인(sin) 값이 커짐에 따라 그 크기가 늘어난다. 앞서 코사인(cos)은 배려심, 사인(sin)은 자존심이라고 비유했다. 결국 배려심도 자존심과 그 성질이 다름없다.

배려심이 너무 많은 사람이 있다. 항상 미안하다. 주려 한다. 남들이 칭찬한다. 착하다고 한다. 타인과 다르며 존경해야 할 듯하다. 하지만 저 식을 이루는 꼴을 보니 자존심이 커진 모양이다. 결국 욕망이다. 큰 배려는 큰 욕망일 수도 있다. 자신을 챙길 때다. 칭찬받지 않아도 된다. 좋은 사람이 아니어도 된다. 다른 말로, 뭐가 꼭 되려고 하지 않아도 된다.

우리 자아는 늘 일정하다. 마음의 비율만 바뀐다. 삼각함수 관계 속에서 어떤 비율이 옳다 틀리다 말할 수 없다. 스스로의 선택이다. 비율이니 마음껏 조정하면 된다. 다만, 잊지 말자. 우리 자아의 크기는 동일하다. 따라서 더 큰 사람도 없고 작은 사람도 없다. 판단을 성급하게 하지 말아야 할 이유다. 비난도 마찬가지다. 인정받으려 함은 곧 욕망임을 수식이 설명한다. 자신의 삶을 살아가길 바란다. 한 바퀴 다 돌 때쯤 우린 알게 된다. 처음 시작한 자리가 가장 아름다운 자리였다.

39
삼각함수 그래프

원 한 조각은 두 개의 직선과 하나의 곡선으로 감싸여 있다. 이 직선과 곡선 길이가 모두 동일할 때, 그 사잇각을 라디안(*radian*)이라 말한다. 반원 각은 180°다. 이때 둘레 길이와 라디안일 때 둘레 길이는 같은 비율이다.

긴 문장을 기호로 표현하면 아래와 같다.

$1 : radian = \Pi : 180°$

$180° = \Pi \times radian$

$\Pi = 180°$

수학에선 기호가 단어 또는 문장이다. 간간이 기호가 생략된다. 언어와 유사하다. 문장 중 단어 하나쯤 빼도 정황을 알면 이해할 수 있다. 수학 기호가 생략된 경우도 마찬가지다. 풀이가 된다. 언어와 수학 모두 표현하거나 설명한다. 단호하거나 부드럽다. 길거나 간결하다. 맥락이 중요하다.

삼각함수 각을 표기할 때 라디안을 생략한다. 당황하지 말자. 맥을 짚자. 이 경우 파이는 면적이 아니다. 호의 길이다. 더 정확히는 반지름이 1인 반원의 호를 잰 값이다. 또한 파이는 무리수다. 그중 무한 순환소수다. 내분이며 경계다. 생략했지만, 그 꼴을 설명한다. 곱해진 라디안을 감춰 좀 더 간결하게 나타낸다.

$$\frac{\Pi}{6} = \frac{\Pi \times radian}{6} = \frac{180°}{6} = 30°$$

$$sin\frac{\Pi}{6} = sin\,30° = \frac{1}{2}$$

원의 중심에서 30°의 각을 이루는 직선을 긋자. 지름이 1인 원의 둘레와 직선이 만나는 점이 생긴다. 좌표다. 여기부터 거기까지 거리다. 두 개의 좌표가 있다. x는 넓게 뻗으려 한다. y는 높이 솟으려 한다. 이 중 y값이 사인(sin)이다. 0.5, 즉, 1/2이다.

$$\frac{\Pi}{3} = \frac{\Pi \times radian}{3} = \frac{180°}{3} = 60°$$

$$cos\frac{\Pi}{3} = cos\,60° = \frac{1}{2}$$

원의 중심에서 60°의 각을 이루는 직선을 긋자. 마찬가지로 원의 둘레와 직선이 만나는 점이 생긴다. 그중 넓게 뻗으려는 x값이 코사인(cos)으로 0.5, 즉 1/2이다.

사인(sin)함수와 코사인(cos)함수 사이 관계를 표로 확인하자.

구 분	각 도				비 고
	0°	30°	60°	90°	
사인(sin)	0	0.5	0.866	1	자존심
코사인(cos)	1	0.866	0.5	0	배려심

자존심이 바닥을 칠 때가 있다. 스스로를 배려해야 한다. 배려만 하다 보니,

내 삶인데 남의 삶을 사는 듯할 때도 있다. 자아의 크기, 딱 그만큼 자존감을 가져야 한다. 나머지는 조화다. 겨울에는 끈기, 봄에는 활력, 여름에는 휴식, 가을에는 사색이 필요하다. 상황에 맞춰 조율해 간다.

탄젠트(tan)함수는 어떨까? 열망과 욕망으로 구분된다. 둘 다 끝이 없다. 방향만 다를 뿐 한없이 커진다. 발산한다. 무한하다. 열망도 허망하고 욕망도 허망하다. 끝이 없기 때문에 닿을 길 없다.

$$tan\ \theta = \frac{sin\ \theta}{cos\ \theta}$$

코사인(cos)함수와 사인(sin)함수 모습은 다소 익숙하다. 누구나의 인생길처럼 오르고 내림을 반복한다. 하지만 탄젠트(tan) 그는 다르다.

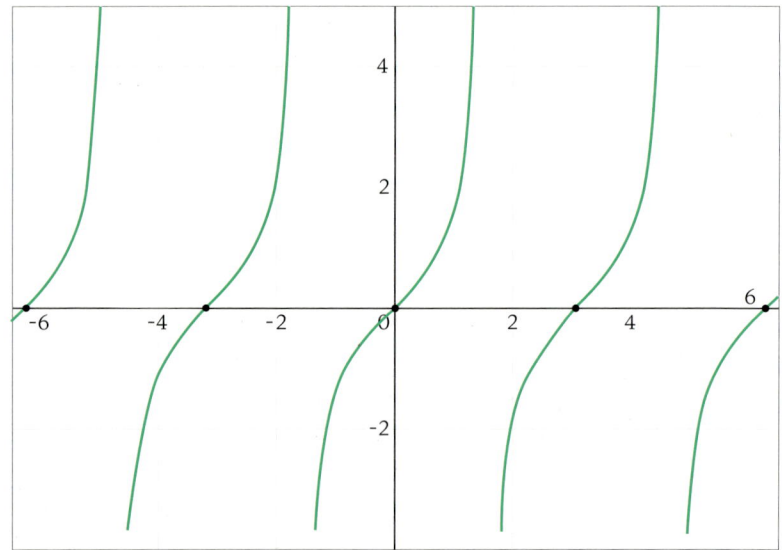

곡선의 양 끝이 무한대로 치솟거나 내려앉는다. 욕망의 본질이다. 끝이 없다.

꿈을 이루라고만 배웠다. 돈을 많이 벌라고 권한다. 하지만 탄젠트(tan)함수의 그래프만 보더라도 꿈과 돈은 가까워지려 할수록 한없이 멀어진다.

꿈과 돈이 나쁜 게 아니다. 많이 가짐도 좋고, 큰 성취도 멋지다. 다만 너무 멀리 가지 말자. 멈출 때도 필요하다. 여기까지도 아름답다. 영원히 살 수 없으니 딱 맞게 살아야 한다. 밖을 내다보며 비교해선 멈출 길이 없다. 차분히 주어진 상황에서 스스로를 바라보자. 그것으로 충분하다.

꿈도 그대 것이고 여유도 당신 몫이다. 그대가 정하면 될 일이다. 어차피 망망대해 인생이다. 갈 길을 정하고 곧게 가라. 풍랑도 만나고 햇살도 반긴다. 난파되어 침몰한다 해도 추운 바다의 물고기들에겐 따뜻한 집이 된다. 우리가 판단할 일이 없어 자유롭다. 잠시 멈춘 뒤에 다시 시작함도 가능하다. 계속하는 힘이 가장 큰 힘이다.

40
삼각함수 방정식과 부등식

방정식은 어느 한순간 일어난 사건들이다. 원인과 결과의 쌍이다. 지금이고, 그때이며, 언젠가. 삼각함수의 무한한 순서쌍 중 단 한 점이다.

$sin\,\theta = \dfrac{1}{2}$ 일 때

$\theta = 30$

$cos\,\theta = \dfrac{1}{2}$ 일 때

$\theta = 60$

이 미지수는 원점을 둘러싼 원둘레 한 점이다. 삼각함수 각이 바뀌면 그 점 좌표도 달라진다. 사인(sin)은 y축에서 바라본 좌표다. 높거나 낮아진다. 코사인(cos)은 x축에서 바라본 좌표다. 멀거나 가까워진다. 이 두 쌍의 비율에 따라 (tan)는 한없이 작아지거나 끝없이 커진다.

서로가 만나는 사랑방이 방정식이다. 모꼬지(여행) 가듯 한곳에 모인다. 함께 있어서 같은 부분과 다른 면을 알게 된다. 친구 셋이 가는 여행이다. 삼총사다. 서로 달라도 너무 다르지만, 같이 있으면 묘하게 어울린다. 지금 이 순간만을 살아가는 우리다. 삼각방정식을 삶에 비춰보면 자존심과 배려심, 그리고 그 둘의 조화를 알게 된다.

삼각부등식은 방정식보다 품이 넓다. 크거나 작거나 같다. 여기서부터 저기까지, 이때부터 그때까지다. 뭉뚱그리지 않은 딱 그만큼이다.
삼각함수는 무한히 반복된다. 크고 작음을 오가며 진동한다. 부등식으로 봐야 어디서부터 어디까지인지 알 수 있다.

그 구간을 돌아보니 어렵던 시절도 있었고, 즐거운 나날도 있었다. 그때 슬펐던 날들이 지금은 고맙던 날들이었다. 열망 속에서 분연하던 날도 있었고, 절망 가운데 슬픔에 빠진 적도 있었다. 그땐 그게 전부인 줄 알았는데, 지나 보니 그저 한 조각일 뿐이다.
삼각함수 부등식이 말한다.
"이 또한 지나가리라."
무한한 순서쌍이 오르고 내리고, 아픔도 지나가고 기쁨도 다가온다. 삶을 계속해도 좋을 이유다. 태어나고 살며 죽는 삼각점에서 우리가 살아 나갈 힘이다.

41
사인법칙과 코사인법칙

사인법칙은 외접원 안에 놓인 삼각형 세 각 A, B, C와 세 변 a, b, c 간의 관계다. 먼저 손끝으로 원을 그린 후 그 안에 원의 둘레에 딱 맞는 삼각형을 놓아 보자. 이 삼각형은 세 가지 꼴 중 하나다. 한 각이 90°보다 작거나, 크거나, 딱 직각인 경우다. 이 원의 반지름을 R이라고 하자. 지름은 $2R$이 된다.

이 관계식은 다음과 같다.

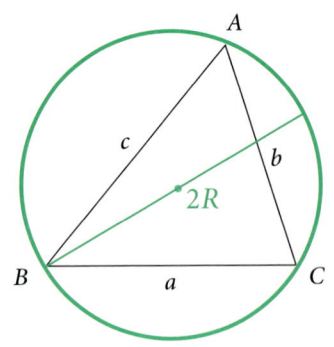

$$\frac{a}{\sin A} = \frac{b}{\sin B} = \frac{c}{\sin C} = 2R$$

이 관계식을 증명하기 전에 관계식의 의미를 알아야 한다.

분자와 분모로 되어 있다. 유리수다. 즉, 비율이다. 이 비율은 지름의 길이와 똑같다. 지름이 1이라면 이 비율도 1이다. 지름이 2라면 이 비율도 2다.

원에서 지름이 지니는 의미는 무엇일까?

먼저 원의 폭이다. 원은 지름의 양 끝점에서 벗어나지 않는다. 지름의 한점에서 시작해 반대점을 만난 후 다시 시작점으로 돌아온다. 원이 반으로 접히는 기준이다. 위와 아래이기도 하고, 좌와 우일 수도 있다. 달의 변화로 치자면 상현과 하현의 경계다. 정리하면, 지름은 폭이고 기준이며 경계다.

사인법칙을 눈으로 확인하기 위해 $sin\,A$를 드러내 보자.

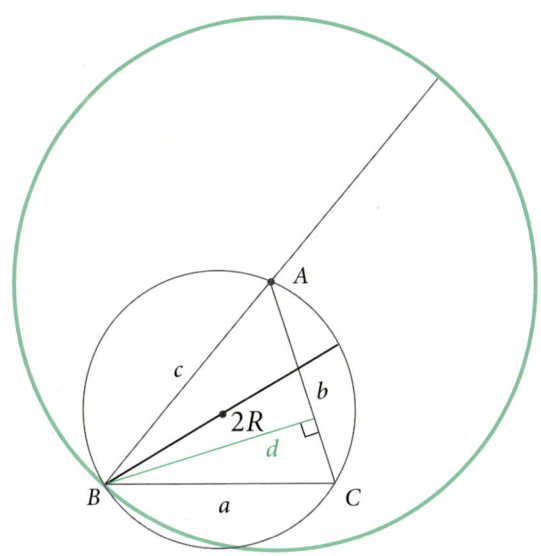

$$sin\,A = \frac{d}{c}$$

$$\frac{a}{sin\,A} = \frac{\frac{a}{1}}{\frac{d}{c}} = \frac{a \times c}{d}$$

다음으로 $sin\,C$와 연결해 보자. $c = 1$로 치환하면

$$\frac{a}{\sin A} = \frac{a}{d}$$

$$\sin C = \frac{d}{a}$$

$$\frac{1}{\sin C} = \frac{a}{d}$$

$$\frac{a}{\sin A} = \frac{1}{\sin C} = \frac{c}{\sin C}$$

마지막으로 $\sin B$를 기준으로 $\sin A$, $\sin C$ 관계를 정리해 보자.

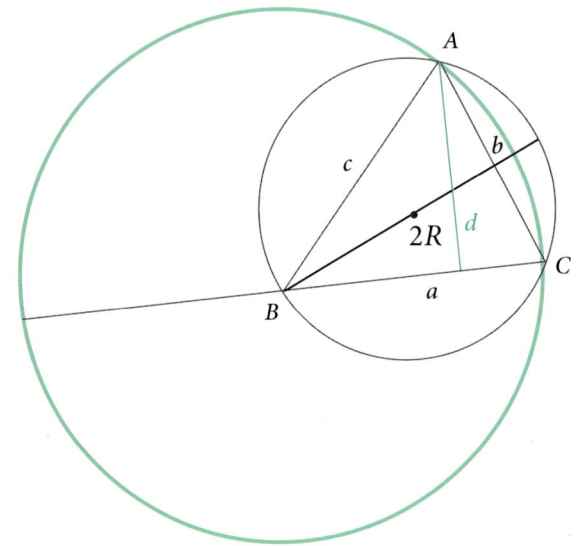

$$\sin B = \frac{d}{c}$$

$$\frac{b}{\sin B} = \frac{b}{\frac{d}{c}} = \frac{b \times c}{d}$$

$sin\ C = \dfrac{d}{b}$ 이므로 $\dfrac{1}{sin\ C} = \dfrac{b}{d}$

$c = 1$로 치환하면

$\dfrac{b}{sin\ B} = \dfrac{b}{d} = \dfrac{c}{sin\ C}$

따라서

$\dfrac{a}{sin\ A} = \dfrac{b}{sin\ B} = \dfrac{c}{sin\ C}$

사인법칙을 이루는 비율이 묘하게 닮았다.

이 비율이 외접원의 지름과 같다는 것은 핵심이 아니다. 이 관계를 증명하는 게 먼저다. 이 관계식의 결과는 단지 지름 크기와 일치할 뿐이다. 삼각형을 이루는 외접원 하나만 보면 아무 상관없어 보인다. 하지만 좀 더 넓혀 보니 관계가 드러난다. 외접원을 중심으로 다정히 모여 있다.

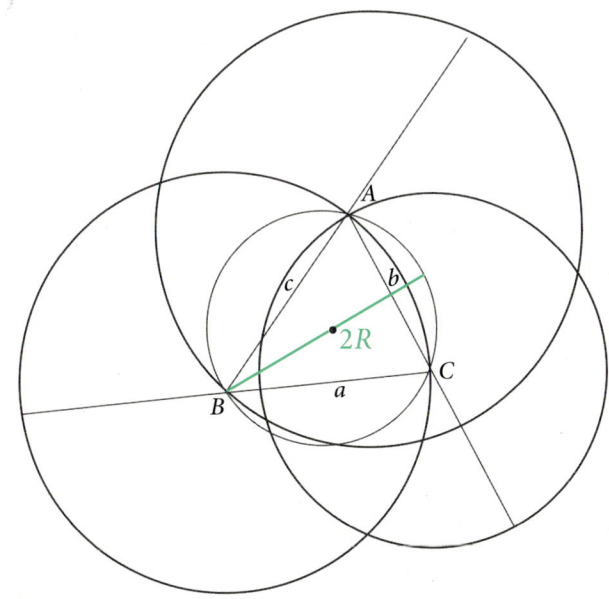

복잡한 선을 다 지우고 원래 이 셋의 관계를 다시 바라보자.

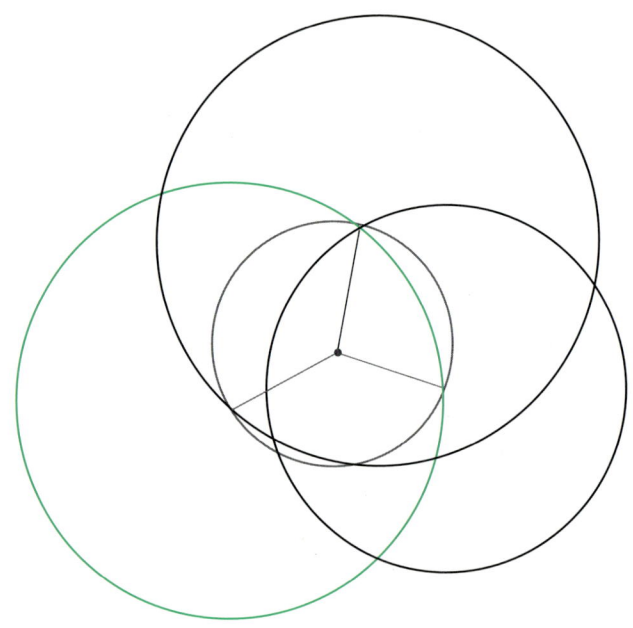

삼각형을 둘러싼 외접원이 삼차원 구(sphere)로 바뀐다. 세 개의 차원이 모이니 삼차원이다. 사인법칙 속에 삼차원 즉, 우리가 살아가는 공간이 담겨있다. 우리는 모두 각각 살아간다. 하지만 우리도 모르게 연결되어 서로를 지탱하고 있다.

사인법칙은 관계식이다. 이 관계식은 항등식이다. 항상 동일하다. 나와 너, 우리를 각각 비교할 이유가 없다. 잘나 보려고 또는 이기려고 서로가 모서리처럼 날 세우며 살 필요가 없다. 함께 마주하며 이 공간을 지탱하는 각자를 존중해야 한다. 무엇보다 그대 스스로를 존중해야 한다. 내가 있어야 우리를 이루는 공간도 의미 있다.

수학은 공식이 아니다. 말로 설명하려니 길고 모호하니 식으로 명확히 설명했을 뿐이다. 문제를 풀기 위해선 문제가 무엇인지 정의해야 한다. 수학을 통해 정의를 하고, 삶의 문제들을 풀어본다. 틀릴 때도 있고 증명하지 못할 때도 있다. 괜찮다. 그 과정만으로 충분하다.

코사인법칙 역시 삼각형의 6개 요소 간 관계다.

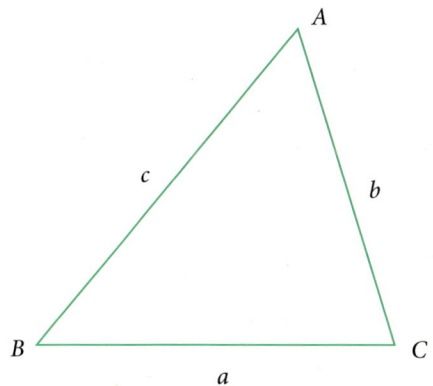

【제일 코사인법칙】

$a = b \cos C + c \cos B$

$b = c \cos A + a \cos C$

$c = a \cos B + b \cos A$

【제이 코사인법칙】

$a^2 = b^2 + c^2 - 2bc \cos A$

$b^2 = c^2 + a^2 - 2ca \cos B$

$c^2 = a^2 + b^2 - 2ab \cos C$

> 코사인법칙은 방정식이다. 어느 한순간 일어난 사건이다.

제일 코사인법칙의 꼴은 평면 두 개가 이어진 다항식이다. 한 변의 길이처럼 보이지만, 사실 두 평면을 더한 크기로 보라는 뜻이다. 제이 코사인법칙은 이 이차원 평면을 제곱했으니 사차원이다. 16개의 점으로 이루어진 입체다. 제이 코사인법칙의 도함수, 즉 미분값은 삼차원이다. 이차원 세상인 제일 코사인법칙을 부정적분하면 삼차원이 된다. 조금 전 본 지구 모양의 구(sphere)다. 하나와 둘 사이, 일과 이분의 일, 그게 우리가 사는 세상이다.

사인법칙이 공간을 의미한다면, 코사인법칙은 그 공간에서 발생한 사건을 설명한다. 물리다. 서로가 영향을 주는 이치다. 뉴턴의 운동 방정식과 아인슈타인의 상대성 이론이다. 원인을 찾고 관계를 모색하는 일이다.

뻗어나가려는 힘이 코사인이다. 배려심과 비슷하다. 넓은 품에 담으려 한다. 혼자 할 수 있는 일이 아니다. 연대가 필요하다. 따라서 일과 이분의 일, 코사인법칙은 희망이 될 것이다. 우리가 사는 세상에서 연대하며 희망하는 것, 사인법칙과 코사인법칙이다.

42
등차수열

수열은 줄 세우는 일이다. 기준은 정하기 나름이다. 하나의 항과 그다음 항이 같은 간격으로 늘어서 있다. 바둑판이다. 이 칸과 저 칸 사이가 일정하다. 그 사이는 평균값이다. 산술 또는 기하 평균이다. 하나는 길이, 하나는 너비에 대한 평균이다. 평균 하나가 빠져 있다. 조화평균이다. 조화와 평균이 안 어울린다고 생각했는지 고등교육 과정에서 제외되었다고 한다.

하지만 조화 없는 평균은 사회주의 세상에 걸맞다. 유물론이다. 의지가 아니라 물질이 지배하는 세상이다. 하나가 사라지면 얼른 다른 걸로 대체하면 된다. 열심히 하든 놀고먹든 똑같다. 모두가 물질이므로 같은 가치와 사상을 갖춰야 한다. 감정은 소거 대상이다.

조화평균은 자본주의 사회에 걸맞다. 가중치가 들어간다. 열심히 하면 좀 더 많은 기회를 얻는다. 물질보다는 의지가 더 중요하다.

그러나 불공평하다. 눈으로 재서는 알 수 없는 가치가 있다. 설명하기도 어렵다. 대물림되는 부만 보더라도 그렇다. 부잣집에 태어나고 싶다고 한들 방법이 없다. 열심히 해도 더 가난해질 때도 있다. 노오력과 여얼정은 누구보다 크지만, 되는 일은 하나도 없다. 조화라는 말이 안 어울린다. 그냥 잘난 놈은 잘난 대로 못난 놈은 못난 대로 사는 꼴이다. 그래서 교육 과정에서 빠진 듯하다. 조화평균은 불공평하기 때문이다. 인생이 불공평한 걸 누구나 알고 있다. 하지만 감히 가르치려 하지 않는다. 팩폭이기 때문이다. 우는 아이 뺨 때리기다.

하지만 우리는 수학을 생각하는 중이다. 여기서 말하는 조화는 사회과학이 아니다. 수학에서 조화를 다루는 법은 조금 다르다.

근대 이전까지만 해도 수학의 범주는 수리학, 자연과학, 화학, 철학, 음악을 아울렀다. 데카르트, 파스칼 등 위대한 수학자가 종종 철학자로 알려진 이유다. 이 중 음악은 등차수열이다. 도레미파솔라시도 서양의 12음계는 등차수열로 구성되어 있다. 음악의 아버지 바흐, 음악의 어머니 헨델 모두 등차수열 전문가다. 이들은 등차수열 중 조화수열을 알고 있었다.

조화수열의 정의를 살펴보자.

> 조화수열(harmonic progression)은 어떤 수열의 각 항의 역수들이 등차수열을 이룰 때이다.
> 출처 : 위키디피아, 조화수열

【조화수열】

$\frac{1}{1}, \frac{1}{3}, \frac{1}{5}, \frac{1}{7}, \frac{1}{9} \cdots$

【조화수열 역수로 만든 수열】 공비가 2인 등차수열

1, 3, 5, 7, 9 …

저 역수의 관계를 좀 더 자세히 보자. 각각의 항이 조금은 다른 간격을 가지고 있다. 왜일까?

논리로 설명이 안 된다. 노을이 아름다운 이유와 같다. 산들바람에 흔들리는 나뭇잎에서 생동감을 느끼고, 이슬 머금은 장미에 감탄하는 이유다. 그냥 느낌이다. 단지 저 상태가 조화롭다고 느낀 거다. 도레미파솔라시도 12음계가 왜 조화로운지 설명할 수 없다. 인류가 수천만 년 동안 찾아낸 조화로운 관계다.

음악 악보에서 A는 '라'다. 다음 B는 '시'이며 C는 '도'다. 그래서 C 화음이 '도미솔'이다. 피아노 건반 정중앙에 있는 계음은 '라' 음이다. 이 음의 진동수는 $440\,Hz$다. 한 옥타브 위 '라' 음은 이 두 배인 $880\,Hz$다. 그렇다면 이 사이에 있는 12음계 간격은 440을 12등분한 $36.666\cdots Hz$여야 한다. 산술 또는 기하 평균이라면 그래야 한다. 하지만 조화수열이다. 조화중항, 즉 조화평균을 적용해야 한다.

> 세 수 a, b, c가 이 순서로 조화수열을 이룰 때, b는 a와 c의 조화중항이라고 한다. 이 때, b는 a와 c의 조화평균이 된다.
> 출처 : 위키피디아, 조화평균

【조화평균】

$$x = \frac{2ac}{a+c}$$

음계에서 라와 시의 주파수는 아래와 같이 계산한다.

라$(A) = 440\,Hz$

시$(B) = 440 \times 2^{\frac{2}{12}} = 493.88\,Hz$

도$(C) = 440 \times 2^{\frac{3}{12}} = 523.25\,Hz$

각 항의 공비가 다르다. 하모니를 이루는 음계니 조화중항을 구해 보자.

$A, x, B = 440, x, 493.88$

$$\frac{2}{x} = \frac{1}{440} + \frac{1}{493.88}$$

$$x = \frac{2AB}{A+B} = \frac{434{,}614.4}{933.88} = 465.3857$$

하지만 실제 라# 주파수는 아래와 같다.

$440 \times 2^{\frac{1}{12}} = 466.16$

아쉽게도 조화중항이 라와 시 사이 라#은 아니다. 조화중항이라고 아름다운 소리는 아니었나 보다.

평균은 절댓값이 아니다. 그 주변이라는 말이다. 평균 때문에 사라지는 값들도 생긴다. 평균 함정에 빠지지 말자. 평균값에 딱 들어맞지 않아도 충분히 조화롭다. 조금 틀어진 게 오히려 자연스럽다. 조화가 있어서 그나마 숨 쉴 만하다. 아름다움은 완벽함이 아니라 어울림이다. 12 음계 중 조화중항, 산술 기하 평균에 딱 맞는 값은 없다.

음악은 그래도 아름답다. 감동이다. 평균에 못 미치는 우리를 위로한다. 조화라는 말에는 불평등, 결핍, 불안이 담겨 있다. 그럼에도 더없이 충만하다. 음계처럼 그저 어울리면 된다. 그것이 하모니, 조화다.

43
등비수열

등비수열(*geometric progression*)은 공간에 대한 수열이다. 눈에 보이는 공간을 대상으로 한다. 논 한 마지기가 되기도 하고, 강남 아파트 한 채가 되기도 하다. 등비수열 주어는 공간이다. 이 수열 형태가 등비로 변화할 뿐이지 속뜻은 공간을 균등한 비율로 줄 세웠다는 말이다.

> 등비수열(*geometric sequence*) 또는 기하수열은 각 항이 초항(*first term*)과 일정한 비를 가지는 수열을 말하며, 일정한 비를 공비(*common ratio*)라고 한다.
> 출처 : 위키디피아, 등비수열

초항이 a 이고 등비가 r 인 등비수열
$a, ar, ar^2, ar^3, ar^4 \cdots$

공비는 지수 밑이다. 지수가 커지듯 거듭제곱한 만큼 늘어난다. 공간과 공간이 공비만큼 차이가 난다. 수열이므로 평균값인 중항이 존재한다. 등비 중항이라고 한다.

> 0이 아닌 세 수 a, b, c가 이 순서로 등비수열을 이룰 때 b를 a, c의 등비중항이라고 한다.
> b가 a와 c의 등비중항이라면 다음과 같이 정의한다.
> $$\frac{b}{a} = \frac{c}{b} = r$$
> $$b^2 = ac$$
> $$b = \pm\sqrt{ac}$$
>
> 출처 : 위키디피아, 등비수열

공간에 대한 수열이니 0이 아닐 수밖에 없다. 눈에 보이는 무언가를 줄 세운다. 사람, 차, 아파트 등등 모든 형태가 다 가능하다. 심지어 등비중항을 드러내니 루트, 즉 "저 공간이에요."라고 솔직히 말해준다. 그런데 음수도 포함되어 있다. 저 음수는 그냥 무시하면 되는 걸까?

먼저 음수는 허수다. 손에 쥐지 못한다. 잴 수도 없다. 안 보인다. 하지만 존재한다. 저 수식에 분명히 드러나 있다. 연필로 써서 지우개로 지울 순 있지만, 그어진 자국은 미세하게 종이에 남는다. 그러니까 존재한다. 저 음수, 즉 허수는 공간 속 변화를 의미한다. 가치로도 볼 수 있고 가능성으로 갈음될 수 있다. 변화 속에는 생각과 의지가 포함된다.

땅이라는 공간을 보자. 평면인 듯 보이지만 사실 입체다. 땅을 판다는 말이 그것을 증명한다. 다면체 공간이다. 면적뿐만 아니라 깊이도 가지고 있다. 이 땅을 한동안 놔둔다고 보자. 10년, 20년 아니 한 백 년 두고 보자. 땅은 그대로다.

상상해 보라. 풀이 자라 나무가 되고 숲을 이뤘을 거다. 만약 사막이라도 큼지막한 사구가 생겨났을 테다. 목이 좋은 땅이라면 상가와 아파트가 지어지고 사람들로 북적일 것이다.

공간과 그 공간을 이루는 변화가 공존한다. 공간이 있어 변화가 있는지 변화를 위해 공간이 있는지 알 수는 없다. 공간이 곧 변화일 수도 있으리라. 따라서 당신이 있는 공간이 변화 주체이다. 굳이 다른 곳을 찾아 떠날 필요도 없다. 공간은 변한다. 그대도 공간이니 당연히 그대도 변한다. 그것이 가능성으로 이어질지 가망 없음으로 이어질지는 그대 선택이다.

모든 등비수열은 이전 항과 다음 항의 등비중항이다. 다른 말로 모든 공간에는 등비중항에 속한 허수, 즉 가능성과 변화가 담겨 있다.
등차수열은 평등을 의미한다. 조화수열은 어울림을 표현한다. 등비수열은 변화를 상징한다. 수열은 질서다. 등차, 조화, 등비수열은 질서를 이루는 세 가지 원칙이다.

공평하게 받은 생명에 감사하자. 서로 어울려 함께하자. 가능성과 희망을 향해 변화하자. 공간을 이루는 질서가 서로를 지탱한다. 수학이 길잡이를 해준다. 수가 모여있듯 우리도 모여 살기 때문이다. 서로 줄 세워 비교하라고 모여 있지 않다. 감사하고 함께하고 희망함이 우리를 지탱한다. 공간과 그 공간을 변화시키는 가능성이 바로 우리 자신이다. 지구라는 탄탄한 지지대에 사는 우리니 농밀하고 굳세게 살기 딱 좋다. 수학과 함께면 금상첨화, 베스트 오브 더 베스트다.

44
수열의 합

영어로 '합하다'는 단어는 *Summation*이다. 앞 글자가 S다. 이 알파벳과 치환되는 그리스어 문자가 Σ(시그마)다. 왜 수의 합을 영어가 아닌 그리스 문자로 표기했을까?

모음을 사용한 알파벳 체계이며 이후 영어와 슬라브어의 모태가 된 원시언어가 그 이유라면 언어학자에겐 의미 있겠다. 고대 그리스 수학자 유클리드와 피타고라스의 업적을 기리기 위해서라면 다른 나라 수학자들은 서운할 테다. 각국의 알파벳이 서로 다르니 합의 또는 투표를 거쳐 그리스 문자로 정했다면 국제정치 영역이다.

솔직히 잘 모르겠다. 무엇이 되었든 시그마(Σ)는 합을 낸다는 뜻이다. 사실 나 혼자 쓰려면 S로 표기하든 합으로 표기하든 별표로 하든 상관없다. 다른 수학하는 동료들과 소통하는 최소한의 단어라고 생각하자.

수열 $\{a_n\}$ 의 1항부터 n 항까지 합

$$\sum_{k=1}^{n} a_k = a_1 + a_2 + a_3 + \cdots + a_n$$

출처 : 위키디피아, 수열

줄 세워진 수열의 어느 항부터 어느 항까지를 다 더한 합이라는 문장을 간단히 그리스어 알파벳 시그마 Σ 를 써서 표현했다. 항은 영어로 쓰고 방법은 그리스어로 쓰니 덜 헷갈린다. 키릴 문자와 영어 알파벳은 비슷한 문자가 많다. 그리스어 알파벳도 마찬가지긴 하지만, 그 빈도가 아무래도 적다. 시그마의 경우 인수는 영어로, 연산은 그리스어로 표기했다고 생각하자.

이 수열의 합은 공간이 확장하는 형태다. 수열 합을 계산하기 위해선 각 항 사이에 숨은 공비(公比)를 발견해야 한다. 공비의 동음이의어는 간첩이다. 신고하면 포상이다.

자연수 수열에서 각 항의 간격이 공비다. 그러니까 공비를 다 더한 것이 모든 항을 더한 것과 동일하다. 수열 합을 보면 단순히 숫자를 더한 듯 보인다. 그러나 정확히 말하자면 공간이 확장되는 모양이다. 각 공간 사이에는 터널이 있다. 그 터널에는 공비가 가득차 있다. 이 공간의 형태는 면일 때도 있고 삼차원 입체이기도 하며 사차원 이상의 고차원 입방체이기도 하다.

어떻게 그 꼴을 가늠할까? 앞서 공비는 각 항을 연결하는 터널이라고 했다. 그 터널의 모양을 찾으면 된다. 기차가 지나는 터널은 딱 기차가 지나갈 수 있게 삼차원으로 만들어져 있다. 만약 터널이 2차원 평면이면 대형 사고다. 자연수는 말 그대로 자연스럽다. 각 항이 자연스럽게 연결되도록 터널 역할을 하는 공비를 각 항의 형태와 동일하게 만들어 놓았다. 따라서 공비의 꼴만 찾으면 각 항의 꼴도 당연히 알 수 있다.

【등비수열】 $0, 1^2, 2^2, 3^2, 4^2 \cdots n^2$
$= 0, 1, 4, 9, 16 \cdots n^2$

【공비】 $a_n - a_{n-1}$

【1차 공비】 $(1-0), (4-1), (9-4), (16-9), (25-16) \cdots$
$= 1, 3, 5, 7, 9 \cdots$

【2차 공비】 $(3-1), (5-3), (7-9) \cdots$
$= 2, 2, 2 \cdots$

【3차 공비】 $(2-2), (2-2), (2-2) \cdots$
$= 0, 0, 0 \cdots$

공비가 0인 상태, 즉 빈 곳이 없이 꽉 채워진 상태다. 세 차례에 걸쳐 공비를 0으로 만들었다. 즉, 저 공비의 모양은 3차원이다. 따라서 각 항의 꼴도 3차원 입방체다.

정리하자면, 자연수 수열의 합은 공간을 확장하는 셈이다. 각 항을 더하는 것은 서로 연결된 각 항 사이 공비를 다 더한 것과 같다. 공비가 터널이라고 봤을 때 공비가 0이 될 때까지 빼는 단계를 통해서 각 항의 꼴이 다차원으로 드러난다.

우리는 초등학교 때 계산을 배웠다. 그리고 중학교 때도 계산을 익히고, 고등학교 때 좀 더 심화된 계산을 배운다. 초등학교 때 계산을 산수라고 한다. 따라서 계산만 배운다면 산수를 계속하는 셈이다. 수학과 가깝지만, 공비가 심하다. 수학은 아이디어를 펼쳐 놓은 뒤 공식으로 정리하는 일이다. 선 전개 후 인수분해다. 엉뚱해도 상관없다. 생각을 펼쳐보자. 틀리면 더 좋다. 계속 펼쳐 보다가 이거다 싶을 때 정리하는 일이다. 계산도 중요하다. 하지만 수학은 전개, 즉 드러내어 펼치는 일이 먼저다.

사랑하는 연인에게도 마찬가지다. 계산만 가지고선 관계를 지속하기 어렵다. 마음을 풀어놓아야 한다. 그러다 보면 정리된다. 이 사람이다 싶을 수도 있고, 아닐 수도 있다. 관계에서도 수학하는 사고가 필요한 걸 보면 수의 의미가 우리가 사는 공간과 그 변화임이 확실해 보인다.

그렇다면 이제 정리해 보자.

공비를 계속 줄이다 보면 더 이상 줄일 수 없을 때가 나온다. 텅 비어 보이지만 공비의 뜻은 간격임을 의미하니 그 간격이 사라진다는 의미다. 충만하다. 공비가 계속 커지는 건 그 반대다. 꽉 차 보이지만 공비가 더해진 만큼 더 많이 멀어진 상태다. 허전하다. 공비에 관해선 비울수록 충만해지고, 채울수록 허전해진다. 무엇을 비우고 무엇을 채울지는 우리 몫이다. 욕심을 비우면 고마움이 채워진다. 비워진 공비만큼 서로 가까워진다. 오붓이 살아간다.

앞에 주어진 문제를 굳이 증명하지 않아도 괜찮다. 다만, 합하기 위해선 먼저 빼야 할 것도 있음을 잊지 말자. 경계를 줄이고 마음을 늘어놓자. 우리라는 수열이 합해진다. 서로 한마음 되어 오손도손 살아간다.

45
수학적 귀납법

    수학은 언어와 유사하다. 말로 설명해야 비로소 이해된다. 어떤 공식을 설명하기 위해서 숫자만 가지고는 안된다. 문장의 형태를 가지고 풀이를 전개해야만 납득하기 쉽다. 이 과정에서 귀납적 방법이 자주 사용된다. 앞선 문장에서 여전히 모호한 부분은 귀납이라는 단어 의미다. 따라서 귀납이라는 말뜻을 우선 알아야 한다.

【 귀납 : *induction* 】

    영어 *induct* 는 유도한다는 뜻이다. 분만 유도할 때 쓰는 그 유도다. 길을 터놓고 그리로 잘 갈 수 있도록 한다. 귀납이라는 뜻에는 "그렇게 되도록 한다." 혹은 "그렇게 될 수밖에 없게 한다."라는 의미가 담겨 있다.

    수학에 활용하기에 앞서 일상에서 사용되는 귀납법은 이렇다.

"사람은 모두 죽는다."   - 보편적인 사실을 제시
"당신도 죽는다."   - 개별성을 보편성에 귀속
"그러니 사망보험을 들어라."   - 유도하기

보험사원이 저 방법으로 보험을 들게 할 수 있었을까? 알 수 없다. 다만, 보험사원이 귀납적 전개를 통해 보편성을 제시하고, 개별적인 부분을 보편에 귀속시킨 후 원하는 방향으로 유도한다는 점을 알 수는 있다. 그러니까 최종 목표는 유도다. 수학에선 결론을 유도하는 것일 테다.

수학적 귀납의 사용 예다.
(1) 보편적 사실을 제시
"벽돌을 적당한 간격으로 세워 둔다. 첫 벽돌을 다음 벽돌 쪽으로 넘어뜨리면 다음 벽돌도 연달아 넘어진다."
(2) 개별적 부분을 보편에 귀속
"따라서 $n-1$ 번째 벽돌이 n 번째 벽돌로 넘어지면 n 번째 벽돌도 넘어진다."
(3) 원하는 결론으로 유도하기
"이 상황에서 $n+1$ 번째 벽돌도 넘어진다."

귀납법은 보편을 잘못 제시할 경우 오답이 될 수도 있다. 주로 보편성을 평균으로 잘못 해석하는 경우 발생한다. 평균 함정에 대한 유명한 우화다.
(1) 보편적 사실을 제시
"수심이 사람의 입 높이보다 낮다면 익사하지 않고 건널 수 있다."
(2) 개별적 부분을 보편성에 귀속
"우리 병사 중 키가 가장 작은 사람은 $170cm$ 이며 가장 키 큰 병사는 $190cm$ 이다. 알려진 정보에 의하면 저 강 수심은 $150cm$ 다. 따라서 충분히 건널 수 있다."
(3) 원하는 결론으로 유도하기

"모두 안전할 테니 이 강을 건너 반대편 강가로 진군하자."

안타깝게도 저 강을 건넌 병사들 모두 익사했다. 한가운데 최고 수심이 $2m$였기 때문이다. 알려진 정보는 강의 평균 수심이었다.

귀납적 방법이 우리 삶을 옥죌 때가 많다. 보편성을 평균에서 찾기 때문이다. 하지만 보편이라는 단어는 그렇지 않을 수도 있다는 것을 내포하고 있다. 보편이라고 무조건 다 받아들이면 안 된다.
"공부를 잘해야 성공한다.", "부자가 되어야 행복하다.", "명문대를 나와야 시집·장가를 잘 간다.".
카더라 평균을 보편으로 인정한 후 귀납적 사고를 해서는 올바른 결론을 얻을 수 없다. 첫 단추가 틀린 셈이다. 수학적 귀납법도 하나의 방법이지 만능은 아니다. 이런 경우 이렇게 해결하는 게 유용하다 정도다.
귀납이 아니어도 상관없다. 보편적인 사람이 될 필요도 없다. 그대 삶을 전개하는 방식은 그대가 정하는 편이 낫다.

교과 과정 공통 수학 대수 과정은 변화의 형태(지수)로 시작해서 법칙을 유도(귀납법)하는 것으로 끝난다. 우리가 속한 공간 속에서 변화를 유도하는 주체가 바로 당신이란 점을 강조하고 있다. 보편적으로 살아갈 필요 따윈 없다. 마찬가지로 그다지 특별할 까닭도 없다. 그대다움이 가장 좋다. 수학에서 만날 낯선 변화가 기대된다. 그대다움에 대한 인생 공식을 찾을지도 모르겠다. 계속 함께해 주어 고맙다.

46
함수의 극한

극한은 정점에 다가간다는 의미다. 끝이 있어 보인다. 산이라면 정상 바로 아래다. 마라톤이라면 결승점까지 한 발만 내디디면 된다.

수학이 극한에 접근하는 방식도 이와 비슷하다. 함수의 극한을 보자. 먼저 함수는 무한한 순서쌍 집합이다. 끝이 없다. 그러니 한계도 없다.

> 함수의 극한(limit of a function)은 독립 변수가 일정한 값에 한없이 가까워질 때, 함수의 값이 한없이 가까워지는 값이다.
> 출처 : 위키디피아, 함수의 극한

일정한 값에 가까워진다는 의미를 곱씹어 보자. 일정하다는 말뜻은 한 번 정해 봤다는 이야기다. 그 값을 정했음을 말한다.

물건값 흥정에 비춰보자. 파는 사람은 값을 더 올리려 한다. 사는 사람은 값을 내리려 한다. 그러다 어느 한 값이 정해진다. 받을 만큼 받고 깎을 만큼 깎은 그 자리다. 극한이다. 팔 물건은 무한하니 매일매일 극한이 결정된다. 농수산 새벽 도매시장에선 함수의 극한을 사용해 그날그날 생선과 채소값이 정해진다. 더 받으려는 자와 더 깎으려는 자의 신경전, 서로 물러날 수 없는 딱 그 자리에 극한값이 자리한다.

$$\lim_{x \to a} f(x) = L \text{ 또는 } f(x) \to L$$

x가 3보다 작은 값을 가지면서 3에 가까워질 때는 $f(x)$의 극한값은 L이 된다.

출처 : 위키피디아, 함수의 극한

수학은 새로운 언어를 배우는 일과 비슷하다. 우선 단어 역할을 하는 기호에 익숙해져야 한다. 이런 일련의 과정이 수학을 아름답게도 하지만, 착오를 만들기도 한다. 기호를 모르면 수학을 못 한다고 생각하는 경우다.

농수산물 도매시장 김 할머니는 좋은 수산물을 싼값에 들여오기로 소문났다. 물건 보는 눈도 좋지만, 깎는 솜씨는 더 좋다. 함수 극한의 달인이다. 그런데 할머니는 수학을 공부한 적이 없다. 전쟁과 가난에 학교 교육을 못 받으셨기 때문이다. 하지만 도맷값 정하는 극한에 관해선 김 할머니가 최고다. 수학을 모른다고 하시겠지만, 이미 함수의 극한만큼은 수십 년간 매 순간 활용하셨다.

(할머니) "오늘 물건 좋네. 얼마요?"

(청년) "오늘 10마리 만 원입니다."

(할머니) "20마리 오천 원에 줘."

(청년) "안 돼요."

(할머니) "그럼 박씨한테 갈려. 저기서 20마리 오천 원 팔어."

(청년) "그건 씨알도 작고 맛도 없어요."

(할머니) "맘대로 혀."

(청년) "알았어요 15마리 만삼천 원 주세요."

(할머니) "15마리 만 원 줄께."

(청년) "아유 정말 안 돼요. 오늘 진짜 안 팔아요."

(할머니) "그럼 이렇게 함세. 오늘 일단 15마리 만 원 줘. 내일 10마리 만 원 줄게."

(청년) "내일 일을 어떻게 알아요. 됐어요."

(할머니) "자네 최 씨 할매 딸 관심 있다고 안 했어?"

(청년) "네? 그걸 어떻게 아셔요?"

(할머니) "다 알아. 내가 한 번 줄 한 번 놔 볼까? 이래 봬도 이 시장에서 내 덕에 시집·장가 많이 갔어."

(청년) "정말요? 꼭 부탁드려요. 할머니!"

(할머니) "당연하지. 자네 만한 청년이 어디 있어. 튼튼하고 맘씨 좋고."

(청년) "하하 아이구… 새삼스럽게."

(할머니) "그럼 오늘 15마리 만 원에 가져갈게."

(청년) "네, 중매만 해주시면 뭐 거저 가져가셔도 됩니다."

(할머니) "그럴 순 없지, 여기 만 원. 나만 믿어. 조만간 자리 잡지."

(청년) "네 감사합니다. 감사합니다."

할머니는 이 시장 정보통이다. 시장 구석구석 뉴스를 실시간으로 수집하고 분석한다. 빅데이터 전문가다.

가격을 x값이라고 했을 때 생선 마릿수는 $f(x)$ 극한값이다. 15 마리로 결정되기까지 15보다 작았던 10이 좌극한값이다. 15보다 컸던 20이 우극한값이다. 오른손잡이가 숫자를 써서인지 작은 수는 좌측에 큰 수는 우측으로 정했나 보다.

어쨌든 김 할머니는 우극한과 좌극한의 중점에서 가장 싼값으로 도맷값을 치렀다. 청년도 좋은 물건을 싸게 판 덕에 맘에 둔 처자와 중매 자리를 얻었다. 서로 손해 본 건 없다.

돈이 전부는 아니다. 시장에서 함수의 극한값을 정하는 건 값도 마릿수도 아니다. 청년이 처자를 사모하는 마음은 물건값과 마릿수보다 더 크다. 할머니는 청년의 마음을 안다. 그리고 극한값이 정해지는 방식도 안다. 파는 사람 맘이다. 그 사람 맘이 변하면 된다. 마음이 물질보다 앞선다.

함수의 극한은 현상이다. 이 함수의 극한을 정하는 주체가 핵심이다. 수학의 언어로 본다면 미정 계수를 결정한다는 뜻이다. 팔 사람이나 살 사람이나 둘 중 하나라도 맘이 없으면 거래가 안 된다. 값이 안 정해진다. 이 거래에서 미정 계수를 결정하려면 우선 마음이 동해야 한다. 할머니가 움직인 건 가격이 아니라 마음이다. 다가가기 위해선 마음이 먼저여야 한다. 김 할머니의 지혜가 놀랍다. 수학의 수(數)자도 모른다지만, 타고난 수학자다.

수학을 못하는 사람은 없다. 수학은 공간과 그 공간의 질서에 대한 이야기다. 우리가 살아가는 이 세계와 그 질서를 정리했을 뿐이다. 악보를 못 읽으셨지만, 아름다운 노래로 손뼉 치게 만드셨던 우리 할머니가 나에겐 <나가수>인 것과 같다. 살아가는 우리 모두는 수학자다.

47
함수의 연속

실수 전체 집합에서 함수가 연속한다는 것은 어떤 의미일까?

> 연속(*continuous*)은 끊이지 않고 계속되거나 지속되는 것을 의미한다.
> 출처 : 위키디피아, 연속

함수는 무한한 순서쌍의 집합이다. 무한한 도미노를 세워둔 거라고 상상해 보자. 이 도미노의 일정 구간 앞과 뒤의 블록을 빼버리자. 도미노가 연속되지 못한다. 이 구간을 열린구간이라고 한다. 반대로 닫힌구간에선 도미노가 빠진 구간이 없다. 연속해서 도미노가 쓰러진다.

반 열린(닫힌)구간도 있다. 앞 또는 뒤쪽 도미노가 없을 수 있다. 그래도 이어진 한쪽은 무한히 연속되어 있다.

닫힌 공간에서만 최대 최솟값이 생긴다. 하나도 빠지지 않고 연속된 상태가 되어야 최대와 최소를 뽑을 수 있기 때문이다. 필요하다면 여기서부터 저기까지 경계도 세울 수 있다. 지난 1년 동안 정도가 될 테다. 18세 이상 성인도 말이 된다. 예를 들면 미국의 정보경제 신문 <포보스>가 매년 선정하는 세계 부자 1위가 최댓값이다. 최솟값은 따로 선정하지 않는다. 말 안 해도 다 안다. 최댓값이 있다는 것만 증명하면 최솟값은 당연한 결론이다.

닫힌구간 속 경계 안에 있는 원소들을 사잇값이라고 부른다. 무릎이 하나인 사람에게는 무릎과 무릎 사이가 없다. 무릎과 무릎 사이가 있으려면 반드시 두 다리와 두 무릎이 있어야 한다. 무릎이 아니어도 된다. 왼다리와 오른다리가 뻗어 있어도 사이가 존재한다. 오른다리가 왼다리와 같을 순 없다. 외다리가 있다 해도 오른다리 시작과 왼다리 시작은 서로 다르다. 무릎과 무릎 사이, 다리와 다리 사이 그 사이에 적어도 하나가 존재한다. 정답은? 배꼽이다.
여러 사잇값이 있겠지만, 이 글에선 배꼽 하나만 찾자. 우리가 숨 쉬던 곳이다. 사잇값인 배꼽이 없었다면 지금 이렇게 살아 있을 수 없을 테다. 엄마 뱃속에서 열 달 동안 우리를 먹이고 숨 쉬게 한 일등공신이다.

세상은 닫힌구간이다. 국경이란 문이 있고 그 문을 통해서 연속해 다른 나라로 건너간다. 따라서 우리 모두는 사잇값이다. 각자가 이 닫힌 공간을 이루는 절대 원소다. 하나라도 빠져서는 이 공간이 유지될 수 없다. 최댓값에 눈을 빼앗겨 그 사잇값을 보지 못한다. 우리를 숨 쉬게 한 배꼽처럼 이제는 쓸모없어 보여도 이 사잇값이 있었기에 지금 우리가 살아 있다.
함수의 연속에서 사잇값이 가진 의미다. 삶을 연속하기 위해선 사잇값이 꼭 필요하다. 사이사이 손잡고 버티는 우리 모두가 소중한 이유다.

48
미분계수

"너 좀 변한 것 같아."

좋은 뜻일까 나쁜 뜻일까? 화자의 표정이 답이다. 미소 머금고 하는 말은 예뻐졌다는 의미겠다. 인상 찌푸리며 말할 땐 서운함이 묻어 있다. 반가움과 서운함, 어느 쪽으로 기울었는지가 중요하다.

그래서 변화는 기울어짐을 나타내는 말이다. 내 마음이 기운 곳이 변화를 느끼는 지점이다. 갑자기 마음이 기울지 않는다. 그간 봐온 게 있다. 겪은 일도 많다. 그걸 다 더한 후 나눠 보니 맘이 기운다. 평균 변화율이다.

$y = f(x)$에서 x만큼 증가함을 Δx라고 했을 때

$$평균변화율 = \frac{f(a + \Delta x) - f(a)}{\Delta x}$$

복잡한 기호가 많다. 하지만 이렇게 구해진 값은 결국 기울기다. 얼마나 어디

로 기울었는지를 말해준다. 반가운 건지, 샘이 나는 건지, 서운한 건지, 걱정하는 건지, 그때그때 다르다. 갑자기 기울어지진 않는다. 겪은 일과 느낀 점을 더한 뒤 그때부터 지금까지로 나눠 보면 딱 나온다. 저절로 알게 된다.

몇 년간 친구처럼 지낸 그녀가 예뻐 보일 때다. 장난만 치던 그 녀석이 듬직하게 느껴질 때다. 어쩌다 손 한 번 잡았는데, 마음이 먼저 놀란다. 얼굴이 빨개지고 말도 더듬는다. 예전과는 확연히 다르다. 친구라고 하기도 뭣하고, 연인도 아닌 애매한 상태다. 그러다 어느 한순간 문득 깨닫는다. 사랑과 우정 사이에 걸쳐 있던 마음이 한쪽으로 확 기운다.

함수 $y = f(x)$ 에서 x 만큼 증가함을 Δx 라고 했을 때

미분계수 $= \lim\limits_{\Delta x \to a} \dfrac{f(a + \Delta x) - f(a)}{\Delta x}$

극한이 나왔다. 극한이 되려면 일단 정해야 한다.

사랑인지 우정인지 마음을 결정했다. 순간 변화율이 어디로 기울어졌는지 분명하다. 영원한 우정을 잃더라도 고백해야 한다. 시간이 얼마 없다. 내일 남자가 있을 자리는 군영 막사다. 그러니까 말한다. "나는 … 너를 …."

뒷말이 궁금하겠지만 여기까지 해두자. 저들의 사랑과 우정 사이에 우리는 불청객이다. 이 이야기는 속마음이 기울어진 크기가 미분계수다. 그 사람의 의지다. 서로의 자취다.

그가 입대하는 날, 그녀는 훈련소 앞까지 그를 배웅한다. 다른 남자 친구들 군대 보낼 때랑 마음이 다르다. 눈에서 흐르는 눈물이 마음을 대신한다. 그만 들어가라는 그 사람의 손짓이 더욱 서럽다. 엉엉 울지도 못한다. 흐느낌도 없다. 그리움이 벌써 쌓인다. 어제 그 한순간의 변화가 이렇게까지 마음 아리게 계속될

지 몰랐다. 시작하지 말 걸 그랬다. 마음을 바꾸려 해도 어쩔 수 없다. 이대로 쭉 이 마음일 테다. 나도 … 너를 ….

이야기를 더 전개하지 않아도 알 듯하다. 순간 변화율이 무한한 순서쌍을 이루며 펼쳐진다. 흔들림 없는 직선의 모양이다. 그동안 알 듯 모를 듯했던 감정이 정리된다. 이대로 쭈욱이다. 순간 변화율로 만들어진 함수, 도함수다.

$y = f(x)$ 가 미분 가능할 때

도함수 $f'(x) = \lim\limits_{\Delta x \to a} \dfrac{f(x + \Delta x) - f(x)}{\Delta x}$

더 이상 흔들리는 마음이 아니다. 이대로 쭉 가는 마음이다. 더 이상 미분 불가능하다. 변하지 않을 테니 말이다. 적어도 지금 이 순간만큼은 두 사람 마음이 똑같다. 우리 사랑 이대로 영원히. 과연 그럴 수 있을까? 정답은 글쎄. 누가 알겠는가? 저 둘은 저대로 사랑하게 두자. 이젠 정말 우리가 빠져야 할 때다.

누구에게나 버겁고 힘든 삶이다. 이래야 한다고도 하고, 저래야 한다고도 한다. 여기서 원하는 게 다르고 저기서 바라는 것도 같지 않다. 갈팡질팡 우왕좌왕이다. 이럴 때 미분이 필요하다. 그간 느낀 점과 겪은 일을 평균해 마음이 어디로 얼마만큼 기울었는지 확인한다. 어느 한순간 마음을 정한다. 그리고 그대로 쭈욱 가보는 거다. 또 흔들릴 때가 올 게다. 괜찮다. 미분하면 된다.

미분계수는 방향을 정하는 일이다. 도함수는 계속하는 힘이다. 결국 어디로 갈지 방향을 정하고 계속하면 된다. 좋고 나쁨은 상관없다. 흔들리면 미분하고 또 흔들리면 다시 미분하면 된다.

늙기까지 더 많이 성취해야 잘 사는 건 아니다. 늙음은 언제 끝일지 모르던 불확실한 삶 속에서 이미 시간이란 선물을 거저 받았음을 의미한다. 그거면 충분하다. 이토록 많은 시간을 값없이 받았으니 고마울 뿐이다. 잘 산 거다. 나이드는 걸 두려워 말자. 성공만을 좇으며 시간을 허비하지 말자. 오늘을 선물 받았으니 오늘만큼 기쁘게 살면 된다.

미분계수가 가리키는 방향이 마음이 향하는 곳이다. 도함수처럼 흔들림 없이 그대의 날들을 살면 된다. 그러다 보면 어떤 구간에서 미분 불가능한 때를 만난다. 죽음일 것이다. 그러니까 살아있는 동안은 미분 가능하다. 변화를 즐기고 마음을 정해 계속 나아가자. 그 정도면 충분하다.

49
미분계수와 접선 기울기

　미분계수는 기울기다. 기울어진 정도다. 한쪽으로 많이 기울었다는 것은 다른 쪽으로 적게 기울었다는 의미도 된다.

　당신은 우주 비행사다. 달을 향해 날아가고 있다. 우주선에 명령이 주어졌다. "왼쪽 15° 기울인 방향으로 궤도를 변경하라."
　나침반을 꺼내 봤다. 빙빙 돌기만 한다. 극지방 자력이 우주에는 없으니 당연하다. 오른손이 이쪽이니 왼쪽은 반대다. 그런데 무중력 상태다. 몸이 거꾸로인 상태다. 돌려본다. 이제 왼쪽을 알겠다. 잠깐만! 우주선도 뒤집혀서 가고 있으면 반대 아닌가? 그리고 달과 우주선의 위치는 수평이 아니다. 이대로 왼쪽으로 가면 화성 아니면 안드로메다다. 통신도 갑자기 안 된다. 방향을 바꿀 기회는 단 한 번, 실패하면 돌아올 때 연료가 모자란다. 에라! 모르겠다. 손바닥에 침 뱉고 툭 쳐서 침이 튀는 방향으로 가야겠다. 안 된다. 무중력이다. 중력이 없으니 위로 튀어 올랐다. 침도 액체니 뭉쳐져 눈앞에서 뱅뱅 돈다. 머릿속도 덩달아 빙빙 돈다.

본부에서 다시 연락이 온다.

"조금 전 잘못된 궤도로 안내하였다. 다시 오른쪽으로 15° 기울여 방향을 원상 복귀하라."

할아버지는 항상 말씀하셨다. "가만히 있으면 중간은 간다". 새삼 감사하다.

"예썰(Yes, Sir) ~~~~!" 자신 있게 대답한다.

우주에는 동서남북이 없다. 우리가 사는 지구에만 방위가 있다. 항성인 태양을 기준 삼으면 될 것 같지만, 이 항성도 태양계를 둘러싼 은하에 따라 같이 이동한다. 기울기가 있으려면 고정된 기준이 있어야 한다. 이 기준 중 하나가 이차원 좌표평면이다. 우리가 다루는 곡선은 이 좌표평면 안에 있다. 이해를 돕기 위해 곡선을 의인화해 보자.

갑갑한 좌표평면에 자유로운 곡선이 갇혀 있다.

수감 번호 1번 곡선($f(x)$)은 이 좌표평면에서 종신형을 선고받았다. 기소 제목은 '구부러진 죄'다. 억울하다. 곡선으로 태어난 걸 어쩌란 말인가.

어느 날 옆 방 수감 번호 2번 곡선($g(x)$)과 접선이 됐다. 둘 사이 은밀한 이야기가 오간다. 이대로는 못 살겠다. 마음이 통했다. 접선을 계기로 정밀한 탈출 계획이 오간다. 탈출 경로를 확인하고 시점을 정하면 계획은 완성이다.

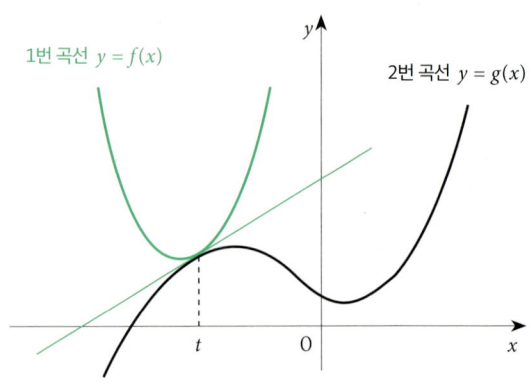

두 곡선이 한 접선을 사이에 두고 접선하고 있다. 마음이 딱 맞는다. 변화를 상징하는 도함수끼리 마주 세워 봐도 마찬가지다. 갑갑한 좌표평면으로부터 탈출을 꿈꾸는 두 곡선이다. 이 둘의 탈출로가 저 접선과 이어져 있다. 따라서 둘은 접선이 어디까지 뻗어있는지 알아야 한다.

저 접선은 x에 관한, y에 관한 방정식이다. x와 y가 변하면서 무한히 뻗어있다. 좌표평면 세모지보다 더 멀리 무한하게 이어져 있다. 저 접선을 따라가면 좌표평면을 탈출할 수 있다.

$y = f(x)$ 점 (x_1, y_1) 에서 미분계수(접선의 기울기) $f'(x)$
따라서
$y - y_1 = f'(x_1)(x - x_1)$

x축 교도관과 y축 교도관을 따돌려야 계획이 성공한다. 따라서 곡선이 접점의 위치로 이동하는 게 아니라 x, y축 교도관들이 접점의 위치에서 멀어지게 해야 한다. 곡선이 움직이면 들킨다. 역으로 좌표평면 감시자 x축과 y축이 잠시 자리를 비우고 곡선과 멀어질 때가 탈출 적기다. 그래서 접선의 방정식은 접점을 빼서 계산한다. x축과 y축이 접점에서 멀어져 감시가 소홀한 때를 기다린다. 계획도 다 세웠고, 탈출 시점도 정했다. 디데이다.

나는 두 곡선이 탈출했으리라 믿는다. 한마음으로 변화를 꿈꿨고, 수학을 사용해 문제를 함께 해결해 나갔다. 저들에게 죄가 있다면 구부러져 있다는 죄 밖에 없다.

필자의 삶도 구부러지긴 마찬가지다. 단 한 번도 쭉 뻗어 나간 적이 없다. 여기서 쿵, 저기서 쾅. 이 사람에게 구부리고 저 사람에게 넙죽댄다. 갑갑한 세상이다. 주변을 돌아보니 나만 그런 건 아니다. x축인 재산과 y축인 명예, 그 어디에 속하지 못한 곡선들이다. 그래도 접점을 통해 연대하고 접선을 뻗어 새로운 삶을 희망한다.

학교(직장)라는 감옥에 교복(사복)이라는 죄수복을 입고 살아간다지만, 희망의 끈을 놓진 말자. 세상도 잠시 한눈판다. 바로 그때가 올 것이다. 탈출과 전복의 시간이 왔을 때 방향을 정해 힘차게 가자. 수학이 큰 힘이 될 것이다. 그 수학을 함께하는 여러분에게 더없이 감사하다.

50
함수의 증가와 감소

"오늘 아침 교통 상황입니다. 회기 나들목 구간에 교통량이 증가하고 있어 차량 정체가 계속되고 있습니다. 이 방향으로 가시는 분들은 우회로를 택하시는 게 좋을 것 같습니다."

나들목은 고속도로와 일반도로가 만나는 교차로다. 인터체인지(interchange)를 대신하는 아름다운 우리말이다. 나들목 구간, 교통량, 증가, 차량 정체. 교통방송에서 아침마다 나오는 단어들이다. 함수 증가, 그리고 감소와 닮았다.

> $f(x)$ 함수 내 임의의 원소 a, b에 대하여 다음과 같이 정의한다.
> 【함수의 증가】 $a < b$일 때 $f(a) < f(b)$
> 【함수의 감소】 $a < b$일 때 $f(a) > f(b)$ 출처 : 위키디피아, 함수의 증가와 감소

나들목은 구간이다. 도로 위 차량은 a, b이다. 함수는 교통량이다. 새벽에 나들목 이용 차량보다(a) 출근 시간 이용 차량(b)이 많아지니($a < b$)

교통량이 증가한다. 출근 시간 차량(b)에 비해 점심 시간대는 나들목 이용 차량 (a)이 줄어드니 ($a < b$) 교통량이 감소한다.

매일 아침 교통방송에서 함수의 증가와 감소를 이용해 사람들에게 길을 안내한다. 요즘이야 내비게이션이 알아서 최적 거리를 안내해 주지만, 예전엔 아나운서 한마디 한마디에 쫑긋 귀 세우고 운전해야 편했다. 도로에 갇혀 지각이라도 하면 호랑이 부장님이 가만히 안 계신다. 부장님 분노 게이지도 같이 증가한다.

증가와 감소는 변화다. 변화하면 미분, 그중에 도함수를 빼놓을 수 없다.

$f(x)$ 함수가 증가하면 도함수 $f'(x) > 0$
$f(x)$ 함수가 감소하면 도함수 $f'(x) < 0$ 출처 : 위키피디아, 함수의 증가와 감소

교통방송 데스크에는 반드시 수학 전공자가 있어야 한다. 지금 미분값을 제대로 보지 않고 말 한마디 잘못했다간 청취자 원성이 하늘을 찌를 거다. 댓글 없던 시절엔 전화통에 불이 났고, 지금은 댓글이 달릴 게 뻔하다.

교통량 증가도 감소도 아닐 때도 있다. 방송국 수학자가 숫자 0만 적어 줬다. 아나운서는 무슨 뜻인지 알쏭달쏭이다. 에라 모르겠다.

"새벽 시간 12중 연쇄 충돌로 인해 나들목도 우회로도 꽉 막힌 상태입니다. 지하철 등 대중교통을 이용하시기 바랍니다."

베테랑 김상수 아나운서는 현명하다. 이런 날은 지하철이 답이다. 교통방송만 30년 차 듣는 김 노인이 한마디 거든다.

"기름 한 방울 안 나는 나라에 웬 차를 이렇게 많이 끌고 다녀. 쯧쯧."

먼 옛날이 아니다. 1990년대 중반 필자가 고등학교, 대학교 다닐 때만 해도 다들 이렇게 살았다. 라디오가 인터넷을 대신했고, 기사 아저씨 길 찾기 능력은 컴퓨터 저리 가라였다. 모르면 물어봤고, 알면 가르켜 줬다. 우연한 만남에도 쉽게 친구가 됐다. 긴 소식을 전할 땐 편지를 보냈다. 필체에 연정이 드러날 때까지 연필로 썼다 지웠다 했다.

지금은 낯선 풍경이 그땐 당연했다. 함수가 증가했는지 감소했는지 모르겠다. 정은 줄고, 정보는 늘었다. 그러니까 샘샘이라고 하자.

이차함수를 그래프로 그려보면 위로 볼록할 때도 있고 아래로 볼록할 때도 있다.

위로 볼록한 함수는 산 같다. 우리 동네 뒷산 극대산이다. 산꼭대기 정상에선 매일매일 메아리가 울린다. 정상 정복의 함성 같다. 산 정상이 바로 극대다.

아래로 볼록한 함수는 구덩이다. 멧돼지 잡겠다고 마을 청년회장이 판 덫이다. 한 발이라도 잘못 들여놓으면 한 키 깊이로 굴러떨어진다. 맨바닥에 헤딩이다. 극소다.

극대와 극소, 다 열린구간에만 존재한다. 열린구간은 이어져 있지 않다. 다른 말로 이 구역에서만 극대고 극소인 거다. 닫힌 공간에선 동네 뒷산이 극대가 될 수 없다. 닫힌구간은 연결되어 있다. 연결된 곳을 계속 찾으면 당연히 에베레스트가 극대가 된다. 마찬가지로 멧돼지 잡겠다고 판 저 구덩이도 열린구간에서만 극소다. 닫힌구간에선 시베리아 지하 $23km$ 깊이 지옥의 비명 동굴이 극소다.

김 노인 댁 막내 손녀가 울고 있다. 읍내에서 천재 소리 들었는데, 막상 시내 고등학교 진학하자 성적이 형편없다. 이대로는 대학교 붙을 자신이 없다고 풀죽어 있다. 시내에서 떨어진 읍내 열린구간에서 극대였던 손녀. 닫힌구간인 시내로 가보니 우물 안 개구리였다. 할아버지가 다가와 말없이 손녀 곁에 앉는다. 쌈짓돈 꺼내 손녀 손에 쥐어주며 토닥인다.

"그래도 우리 집에선 니가 최고다. 튼튼해라. 공부는 그다음이야."

손녀도 금세 기분이 좋아진다.

열린구간에서 내가 제일 힘들어 보여도 닫힌구간에 가보면 극소 축에도 못 낄 때가 있다.

"나는 신발이 없음을 한탄했는데, 거리에서 발이 없는 사람을 만났다."

데일 카네기의 행복론 한 구절이다.

극대라고 자만해서도 안 되고, 극소라며 좌절할 이유도 없다. 태산은 오르면 되고, 슬픔은 서로 보듬으면 된다. 열린구간을 넘어 닫힌구간으로 가자. 연대하고 희망하자. 극대도 없고 극소도 없다. 우리 모두가 다 상수다. 비교할 일도 없고 비교당할 필요는 더욱 없다. 오롯이 그대답게 그대의 함수를 무한히 펼쳐라. 때론 극대도 만나고 극소도 만나겠지만 펼쳐 나가자. 함수로서 그대의 사명이다. 계속해 살아갈 이유다.

51
최대와 최소

함수의 극대 극소는 열린 공간에 존재한다. 열린 공간은 연결되어 있지 않다. 딱 거기서만 찾는다. 함수의 최대 최소는 닫힌 공간에 존재한다. 닫힌 공간은 끝없이 연결되어 있다. 무한한 순서쌍인 함수에 여러 극댓값이 존재하겠지만, 그 중 가장 최대인 것이 최댓값이 된다. 최솟값은 이 반대다.

> 닫힌구간에 정의된 실수값 연속 함수는 항상 최댓값과 최솟값을 갖는다.
> 출처 : 위키피디아, 최대 최소 정리

함수 $f(x)$의 닫힌구간 $[a, b]$에서
최댓값은 $f(x)$의 극댓값 중 최대인 값
최솟값은 $f(x)$의 극솟값 중 최소인 값

함수에서 도함수를 구하면 변화의 추이를 알 수 있다. 도함수 해는 극대 아니면 극소다. $f'(x) = 0$이 된 상태, 즉 더 이상 오르거나 내려갈 수 없는 곳이다. 극대와 극소의 순간 변화율을 구하면 평평한 수평선 모양이 된다. 이전 값이 올랐다가 다음 값에서 내려갔다면 최대다. 반대로 이전 값이 내려가다 다음 값에서 올라간다면 최소가 된다.

우측 그래프에서 원시함수는 삼차함수고, 도함수는 이차함수다.

닫힌구간 $1 \leq x \leq 3$
$f(x) = x^3 - 6x^2 + 9x - 2$
$f'(x) = 3x^3 - 12x + 9 = 3(x-1)(x-3)$
$f'(x) = 3$에서 $x = 1, 3$
즉, 최댓값 1, 최솟값 3

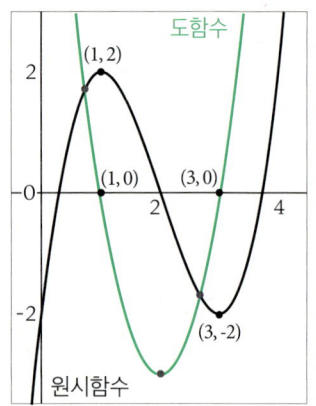

$x = 1$일 때 도함수 $f'(x)$ 전후 흐름은 높다가 낮아진다. 원시함수 최댓값이 자리한 곳이다. x가 3일 때는 도함수 $f'(x)$ 전후 흐름은 낮다가 높아진다. 원시함수 최솟값이 있는 자리다. 도함수가 아래로 볼록하다.

도함수의 극솟값은 원시함수 변곡점이다. 끝 모르는 추락이 잠시 뒤 최솟값에서 끝나 다시 비상한다는 신호다. 이 또한 지나가니 조금만 더 버티라는 격려다. 겨울에 피는 매화다. 사방이 눈밭인데 잎도 없이 꽃을 틔웠다. 봄이 멀지 않았음을 말한다.

삶이 어두컴컴할 때가 있다. 차갑고 외롭다. 새벽 일찍 일어나 나처럼 노력하면 당신도 성공한다는 자기 계발 강사들 말이 도전도 되지만, 부끄럽기도 하다.

그들은 성공이 무엇인지 정확히 말하지 않는다. 본인은 성공했고, 자신의 노하우를 그대로 따라 하면 당신도 성공한다고 말한다. 나는 그 말을 믿는다. 분명 그들이 말하는 무언가를 얻을 것이다. 하지만 그것이 성공과 어떤 관계가 있는지 여전히 모호하다. 성공이란 돈을 많이 벌었다는 것일까? 유명해졌다는 뜻일까? 아님 둘 다 가졌다는 걸까? 남들에게 우러러 받는 걸까? 스스로 우쭐한 정도일까? 2만 년 정도 살 수 있다는 보증일까?

모른다. 성공에 관해서 그렇게 많은 책이 있지만, 딱 이거다 정하지 못한다. 우리 각자의 함수가 다르기 때문이다. 세상에 정확히 같은 함수는 단 하나도 없기 때문이다. 80억 인구라면 적어도 80억 개의 성공이 따로 있을 수밖에 없다. 몇 개의 그룹으로 나눌 수도 있겠다. 여기에서 저기까지로 정하고 평균 얼마가 되면 성공이라고 하는 것이다.

통장 잔고 10억 이상, 타워팰리스 거주, 명문대 졸업이 성공의 조건이라고 보는 거다. 다만, 오류가 있다. 인플레이션을 고려하지 않았고, 건축물 감가상각과 부동산 거품을 무시했으며, 글로벌 시대에 국내 명문대의 한계를 내다보지 않았다. 이렇게 이룬 성공은 변수다. 성공은 상수여야 한다. 이대로 해서는 나로서 살기 어렵다. 내 것이 아니다. 성공한 누군가와 닮았을 뿐 나와는 다르다.

나 역시 새벽에 일찍 일어나 누구보다 열심히 몰두하는 것엔 찬성이다. 다만 그 결과가 성공이기 때문에 그렇게 하고 있다면 반대다. 새가 일찍 일어나 벌레를 잡을 때 성공하기 위해 그렇게 하지 않는다. 그냥 새니까 하는 일이다. 새들처럼 자연스러워야 한다. 실수하고 엉뚱해도 괜찮다. 손가락질 발가락질 눈치코치 다 받아먹는 거다.

반드시 변곡점을 만난다. 공이 통하고 튀듯 전복의 시간이 온다. 장애물이 발판이 되고, 허물이 경험이 되며, 실패가 노련함으로 바뀐다. 그렇게 성장하고 오를 것만 같다가 다시 극댓값을 만나면 언제 그랬냐는 듯이 무너진다. 다시 겨울이다. 그래도 우리는 안다. 이 겨울의 끝에 봄이 움트는 시간을 말이다. 이 추운 날에 매화라고 피고 싶었을까. 말해주는 거다. 포기하지 말라는 외침이다. 함께 이 겨울을 버티면 반드시 봄이 온다는 결의다. 최댓값이 말해 주듯 그다음은 끝없는 추락이다. 최솟값은 반대다. 설움을 풀듯 비상한다.

성공에 머물려 하는 건 두려움 때문이다. 결핍과 무시와 낯섦으로 힘껏 내달려야 한다. 인정받고자 하는 마음 하나 버리면 된다.

변곡점을 바라보자. 멈출 수 있을 때는 미분 불가능한 순간, 죽음밖에 없다. 살아가는 우리는 언제든 미분가능한 함수들이다. 계속해 나가는 거다. 성공 따위는 그들에게 맡기고 그대의 길을 가면 된다. 지구는 그래도 돌아간다. 그대가 이 세상에 있다는 사실 하나만으로 너무 감사한 누군가를 기억하자. 잘하고 있다. 고마울 따름이다. 수학이 그대에게 주는 위로다.

세상에 나쁜 함수는 없다. 좋은 함수 또한 없다. 좋고 나쁨은 자연에 없다. 자연스럽지 않다. 자연(自然)은 스스로 그러하다는 말뜻처럼 변화할 뿐이다. 우리도 마찬가지다. 머물지만 말자. 계속해 숨 쉬고 펼쳐 나가면 된다. 그것만으로도 당신의 최댓값에 다다를 수 있다. 그대만의 성공이다.

52
미분방정식과 미분부등식

방정식을 어느 한순간 사건으로 생각해 보자.

사건은 두 종류다. 볼 수 있는 것과 그렇지 않은 일로 나뉜다. 볼 수 있는 사건을 실근이라고 하자. 보지 못하는 경우 허근이라고 하자. 이 사건을 좌표축에 표시해 보자. x축에 접점이 있는 점은 실근이다. 그렇지 않다면 허근이다.

잘 차려입고 그녀를 만난다. 작은 선물과 함께 오랫동안 간직한 마음도 같이 풀어놓는다. 정답게 식사를 하고 헤어진다. 집에 와 연락해도 받지 않는다. 다음 날도 마찬가지다. 속이 탄다. 무슨 일이 일어났는지 알 수 없다. 애먼 마음만 졸인다.

눈에 보이는 사건은 그녀를 만났고, 선물을 줬고, 같이 식사한 일이다. 눈에 보이지 않는 사건도 있다. 그녀의 마음이다. 그에겐 가장 중요한 사건이다.

그날 오후 그녀에게 전화가 왔다. 집에 가는 전철에서 깜빡 졸다 핸드폰을 두고 내렸다고 한다. 다행히 분실물 보관소에서 찾아 전화한다고 답한다. 선물도 고맙고, 걱정해 준 마음은 더 고맙다는 전화다. 좋은 여자다. 극솟값에 있던 마음이 극댓값으로 뛰어오른다. "지금 당장 만나! 당장 만나!" 장기하 가수님 노래가 사랑 방정식을 정리해 준다. 데이트 신청이다.

방정식의 사건은 다차원으로 갈수록 한순간에 여러 일이 같이 일어난다. 이때 도함수를 구하면 금방 알 수 있다. 어디가 극대고 극소인지 한눈에 파악된다.
삼차원 방정식 역시 공간이다. 우리 역시 삼차원 공간에 있다. 인수로 분해하면 가로, 세로, 높이로 표현된다. 서로 다른 세 실근은 지금 바라보는 휴대폰 화면이다. 손에 쥐어 요리조리 만질 수 있다.
이중근과 다른 하나의 실근은 정사각형 모양 선물 박스다. 리본도 예쁘지만, 그 안에 들어 있는 선물은 더 예쁠 것만 같다. 하나의 실근과 두 허근은 안부를 전하는 목소리와 반가운 두 마음이다. 열린구간에서 극대와 극솟값이 변해가며 다양한 공간과 물질을 만들어 낸다. 그리고 눈에 보이지 않던 마음마저 그 존재를 증명한다.

부등식은 어떠한 사건에 연관되어 있는지 아닌지를 판단할 때 유용하다. 두 개의 부등식을 연립해 놓고 서로 겹치는 곳이 있다면 연관된 게 맞다. 하지만 겹치지 않았다면 무관하다. 알리바이가 증명된다. 까마귀 날자 배 떨어질 때 범인이 까마귀인지 아닌지를 밝혀낼 수 있다.
부등식을 연립한 후 미분 도함수를 사용해서 연립된 두 사건이 서로 연관되었음을 증명할 수 있다. 겹치는 곳을 찾으면 된다. 둘이 공모한 사건일 수도 있고, 서로 사랑하는 마음일 수도 있다. 부등식 미분으로 어느 한순간 일어난 일을 가늠해 본다. 오해가 풀리기도 하며 믿음이 깨지기도 한다. 매일 우리가 고민하는 일들이다.

부등하다는 말 자체가 같지 않음을 의미한다. 서로가 다르기 때문에 겪게 되는 일들이다. 다름을 인정하지 않고선 이 부등식을 풀 수 없다. 남들과 똑같아지지 않아도 된다.

부등식도 미분가능하다. 부등식은 크거나 작은 형태로 보이지만, 비교가 아니다. 연립하기 위해 생겨난 기호다. 연립, 즉 같이 마주서서 바라보기 위해 같지 않을 뿐이다. 조금은 다른 그대가 있어야 또 다른 누군가도 있을 수 있다. 똑같지 않아서 그러니까 부등해서, 부둥키며 살아갈 수 있다.

53
속도와 가속도

속도는 거리를 시간으로 나눈 평균 변화율이다. 그러니까 속도는 미분이다. 가속도는 극한을 활용한 순간 변화율이다. 즉, 가속도는 미분계수다. "끝."이라면 서운할까 봐 몇 자 더 적어본다.

속도 공식을 외울 때 거리를 시간으로 나눈다고 배웠다.

$$속도(m/s) = \frac{거리(미터)}{시간(초)}$$

속도와 거리, 그리고 시간이 유리수로 연결되어 있다. 외분된 비율이다.

$$시간(초) = \frac{거리(미터)}{속도(m/s)}$$

시간을 중심으로 유리수 방정식을 만들어도 상관없다.

거리 = 시간 × 속도

거리는 유리수가 아니다. 즉 비율이 아니다. 가로 곱하기 세로 꼴의 평면 도형이다. 관계식은 솔직하다. 거리만 존재한다. 시간과 속도는 비율이다. 조절하기 나름이다.

가끔 시간은 누구에게나 공평하게 주어졌다고 말들 한다. 사실 그렇지 않다. 그러려면 모든 사람의 수명이 똑같아야 한다. 지금 이 순간 살아 있다 한들 앞으로는 아무도 모른다. 그러니까 사람마다 주어진 시간은 각기 다르다. 앞으로 24시간 사이 무슨 일이 일어날지 장담할 수 있는 분은 오직 신밖에 없다. 물질계를 이루는 한 변이 시간이다. 다른 한 변은 속도다. 거리가 무한하지 않다면, 이 둘을 잘 조절하며 살아야 한다.

시간과 속도가 똑같다고 생각해 보자. 거리는 함수로 놓자. 인생 자체가 일상다반사, 사건의 연속이니 말이 된다. 속도와 시간이 똑같을 때 거리가 어떤 변화를 갖는지 미분해 보자. 다만, 등가교환인 기부앤테이크(Give and Take)와 음양 이치를 접목해 이사분면 변화율을 중심으로 보자.

걸어온 길이 길어질수록 몸은 쇠한다. 돈을 뽑아 쓰면 통장 잔고가 주는 법이다. 하나를 얻으면 하나는 주는 세상만사가 이사분면과 사사분면이다.

$$f(x) = x^2$$

【x 가 0 일 때 순간변화율】

$$f'(x) = \lim_{\Delta x \to 0} \frac{(x - \Delta x)^2 - x^2}{\Delta x}$$

$$f'(x) = \lim_{\Delta x \to 0} \frac{x^2 - 2\Delta x \times x - \Delta x^2 - x^2}{\Delta x}$$

$$f'(x) = \lim_{\Delta x \to 0} \frac{-2\Delta x \times x - \Delta x^2}{\Delta x}$$

$$f'(x) = \lim_{\Delta x \to 0} -2x - \Delta x$$

$$f'(x) = -2x$$

이 둘의 관계를 그래프에 담아 보자. 불룩한 그래프가 원시함수인 이차함수고, 직선이 0점에서 순간 변화율이다.

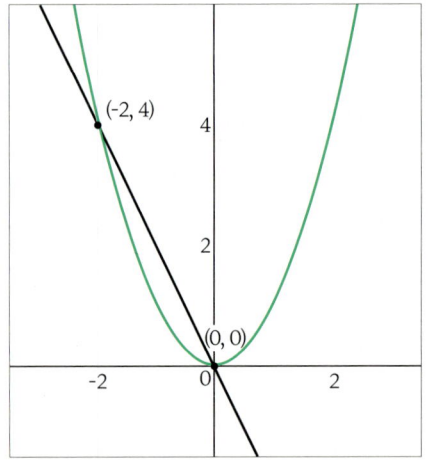

어디가 시작이었을까? 저 0점이 끝인지 시작인지 모르겠다. 태어날 때 발가벗고 나왔으니 그냥 생일날이라고 하자.

인생길 끝없는 줄 알았는데, 도함수로 보니 시작과 끝점이 있다. 딱 저만큼이 평균 인생이다. 조금은 가팔라 보인다. 주어진 시간을 하나도 허비하지 않고 알맞게 노력한 삶이다.

다만, 마지막 점이 허수로 끝난다. 허무해하지 말라. 사실 저 자리는 다른 축에서 만난다. z축이라고 해도 무방하다. 저승이라고도 한다. 끝이기도 하지만 다른 차원으로 가는 통로다. 중간 정도인 -1에서 순간 변화율을 구하자.

$f(x) = x^2$

【x 가 -1일 때 순간변화율】

$f'(x) = \lim\limits_{\Delta x \to \text{-}1} \dfrac{(x - \Delta x)^2 - x^2}{\Delta x}$

$f'(x) = \lim\limits_{\Delta x \to \text{-}1} \dfrac{x^2 - 2\Delta x \times x - \Delta x^2 - x^2}{\Delta x}$

$f'(x) = \lim\limits_{\Delta x \to \text{-}1} \dfrac{\text{-}2\Delta x \times x - \Delta x^2}{\Delta x}$

$f'(x) = \dfrac{2x + 1}{\text{-}1}$

$f'(x) = \text{-}2x - 1$

지금 인생의 절반쯤 왔다고 가정하고 순간 변화율을 계산해 보았다.

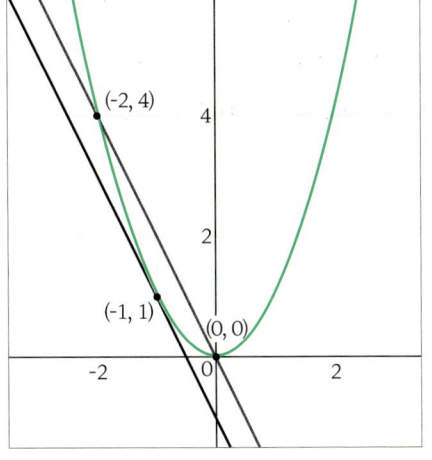

주어진 시간을 알차게 살고 있다. 하지만 잘 보면 원시함수와 접점이 없다. 인생길 끝과 안 만난다. 죽음은 무시한 채 영원히 살 것처럼 뻗어가고 있다.

그럴 수밖에 없다. 저 지점 순간 변화율은 그런 꼴이다. 불사의 몸이자 영생의 존재인 듯 살아간다. 순간 변화율인 가속도는 앞만 본다. 무조건 엑셀을 밟으며 내달린다. RPM 이 끝까지 올라도 영원히 달릴 것처럼 폭주한다. 그 사이 기름은 닳고 엔진 수명도 다해 간다. 속도와 시간 모두 우리 인생길에 변화를 주는 인자다.

어떻게 살든 총량은 있다. 나이를 먹을수록 순간순간 변화율이 끝점으로 기울어진다. 결국 마지막으로 달려가는 인생길이다.

소박함이 낫다. 가지고 가져 보아도 죽음 뒤에 가져갈 게 없다. 친절함이 우선이다. 모진 말로 상처 내기 전 그 처지가 나일 수 있음을 생각하자. 물고 뜯는 원수보단 다독이는 이웃이 낫다. 무엇보다 사랑해라. 죽기까지 사랑을 멈추지 말라. 우선 자신을 사랑하고 품을 넓혀 그대와 함께하는 사람들을 사랑해라. 인생길 외롭지 않을 테다.

인생의 속도와 가속도 미분계수는 아래의 공식을 따른다.
$f'(x)$ = 소박하며 × 친절하며 × 사랑하며

가로, 세로, 높이 삼차원이다. 그대에게 주어진 삶의 공간에서 소박하고 친절하고 사랑하며 살아가면 된다.

54
부정적분

미분은 영어로 *differential* 이라고 한다. '차이 난다'는 뜻인 *different* 와 접미사 *tial* 이 조합된 명사다. '차이 나다'를 유사어인 '변화되다'로 해도 되겠다. 미분은 변화의 현상과 추이다.

적분은 영어로 *integral* 이라고 한다. '필수불가결한, 내장된'이라는 형용사다. 변화하는 원인과 내재된 크기다.

부정은 영어로 *undefine* 이다. 정하지 않았다는 뜻이다. '이건 아니야.'라는 뜻의 부정 *negative* 와는 다르다. 그때부터 저 때까지, 이것부터 저것까지, 여기부터 저기까지 아직 정하지 않았음을 뜻한다.

영어 공부 시간 같다. 사실 필자도 부정이 *negative* 라는 뜻인 줄 알았다. 그게 한 삼십여 년 된다. 고등학교 때 수학책에서 이 용어를 보고 수학을 부정하고 책을 덮었다. 영어로 보니 조금 선명하다. 한자로 된 말을 한글로만 보니 정확한 속뜻을 알기 어려웠을 뿐이다.

수학에서 용어나 기호는 약속이다. 기호와 기호끼리, 정의와 정의 간 약속이 존재한다. 미분과 적분이 아래와 같이 협정을 맺었다. 결혼 서약 같다.

$\int 3x^2 dx = x^3 + c$ (c는 적분상수)
$3x^2$은 $x^3 + c$의 도함수(미분)
$x^3 + c$는 $3x^2$의 원시함수(적분)

모두 약속이고 다짐이다. 미분과 적분 간의 계약이다. 왜 이 둘은 이리도 끈끈하고 복잡하게 서로 얽혀 있을까? 빌린 돈과 받을 빚이 있는 사이인가? 적분 *integral*이 '필수불가결하게 내재된'이라는 뜻이니 이렇게 해석하면 어떨까?
적분이 말한다.
"네 안에 나 있다."
미분이 답한다.
"내 안에 너 있다."
떼려야 뗄 수 없는 둘이다. 눈꼴시어 못 봐준다. 얼레리와 꼴레리. 곤지와 검지며, 청실이고 홍실이다.

변화가 생겼다면 그 원인이 반드시 존재한다. 변화의 추이는 그 원인의 크기로 결정된다.

처음 만나 어색했던 사이였다. 첫인상은 한마디로 꽝이었다. 그래도 만나는 횟수가 쌓이고 대화를 나눠보니 잘 맞는다. 무심했던 관계가 애틋한 사이로 바뀐다. 사랑꾼 알콩이가 먼저 고백한다. 오늘부터 1일, 꽁냥꽁냥 달콩이와 연인 사이가 된다. 어느 날 알콩이가 서울에 취직한다. 만나는 횟수가 줄고 서로의 마음이 소원해진다. 결국 헤어진다. 변화의 현상과 추이인 미분과 변화의 원인과 크기인 적분을 들춰 보니 이 둘의 만남과 헤어짐이 이해된다.

　부정적분을 미분한 게 도함수다. 조금 더 넓게 보면 이 부정적분도 한 차원 더 높은 원시함수의 미분값, 즉 도함수가 된다.
　지금 우리가 살아가는 이 삶은 변화의 현상과 추이로 설명된다. 미분된 상태다. 그렇다면 이 변화를 이루는 원인과 크기가 시작된 곳으로 계속 부정적분을 해보자. 우리로선 가늠치 못할 무언가로부터 이 변화의 원인과 크기가 시작될 수 있다.

　너나 할 것 없이 힘든 삶이다. 하루 종일 벌어 하루도 못 살 만큼 팍팍하다. 숨 쉬는 것도 값을 떼는지 빚만 늘어간다. 이 평균 변화율과 순간 변화율만 들여다 보니 갑갑하고 화가 난다. 어디 기댈 곳도 없고 벗어날 방법도 마땅찮다. 필자 역시 같은 마음이다.
　하지만, 이 미분의 원인과 크기가 시작되는 그 어딘가에 신호를 보내자. 희망 하자. 꿈꾸자. 이미 이뤄진 것처럼 믿어 버리자. 부정적분의 내재된 원인과 크기가 이미 바뀌었다고 생각하자. 어떻게 변했는지 중요하지 않다. 그냥 그렇게 된 거다. 어차피 초고차원 방정식이다. 우리가 생각지도 못한 방법이 있을 것이다. 그리고 계속해 나가자. 힘차게 존재하는 것으로 충분하다.

　부정적분이 있어 미분도 있다. 미리 쌓아 놓았으니 반드시 이뤄질 것이다. 다만 그때까지 이 걸음을 멈추지 않는 거다. 함께 연대하는 서로가 그대의 적분 상수다. 앞선 수학자 분들이 부정적분 공식도 이미 만들어 놓았다.

① $\int a\,dx = ax + C$

② $\int x^n dx = \dfrac{x^{n+1}}{n+1} + C$

(if $n \neq -1$)

출처 : 위키디피아, 적분

여기부터 저기까지 이때부터 저 때까지 알맞게 정해진 정적분 계산에 응용할 수 있다. 그럼, 정적분으로 고고씽~~~

To be continued   55. 정적분

55
정적분

정적분 계산은 어떤 그래프에서 일정 구간을 정해놓고 그곳의 면적을 구하는 경우가 대부분이다. 그래프는 직선이거나 꾸불꾸불 곡선이다. 두께도 없는 선 주변에 빗금 쳐 놓고 면적을 구하라니, 선 입장에서도 난감하다.

(청년) "왜 저한테 이러시는 거예요…."
(공작원) "그건 네가 도함수이기 때문이야."
(청년) "제가요?"
(공작원) "그래 너 도함수 맞잖아, 인정해. 인정하란 말이야."
(청년) "아닙니다. 저는 도함수가 아니에요."
(공작원) "이 녀석 맛 좀 더 봐야겠군. 빗금 더 새까맣게 쳐."
(청년) "아 그만그만…. 인정하겠습니다. 제가 도함수입니다."
(공작원) "처음부터 그럴 것이지. 너는 도함수야. 그러면 이제 네 윗선을 불어야지."

(청년) "네? 제 윗선이요? 저는 그런 것 모릅니다."

(공작원) "네가 도함수면 네 윗선은 부정적분이 되잖아. 이 녀석 안 되겠는데. 빗금 더 검게 쳐."

(청년) "아 그만그만 그만~~~ 네, 다 불겠습니다."

(공작원) "잘 생각했어! 다는 필요 없고 a부터 b까지 정적분만 말해. 거기까지 하지."

(청년) "디파인 인테그럴(정적분) a에서 b까지…"

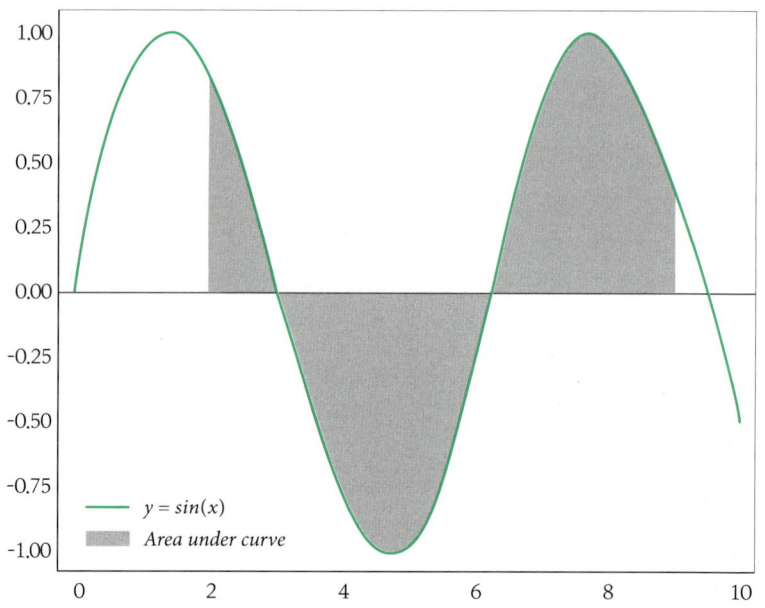

이 그래프가 무슨 죄가 있길래 새까맣게 빗금을 치면서까지 윗선인 정적분을 구하라고 닦달했을까. 수학 정적분 문제가 고문 같았던 필자를 떠올리며 지어낸 우화다.

빗금은 면적(넓이)이다. 적어도 2차원 평면 이상이다. 겉모양 면적은 같아도 인수분해를 해보면 고차원 입체가 될 수 있다. 따라서 주어진 함수를 도함수로 생각하고, 이 변화의 원인과 크기인 정적분을 구해야 한다.

만약 이 그래프가 일차함수 그래프면 빗금 친 부분은 가로 × 세로 2차원 평면이 된다. 변화의 원인이 한 차원 위 공간에 있다. 정적분된 값이 곧 면적이다. 만약 이 함수가 이차함수 그래프면 빗금 친 면적, 즉 정적분은 가로 × 세로 × 높이 삼차원 다각형 넓이이다.

> 적분 구간 $[a, b]$ 에서 $f(x) = x$
> 정적분 $\int_a^b f(x)dx$
>
> 출처 : 위키피디아, 정적분

정적분과 넓이 사이 관계 증명은 여러 가지다. 수학책에 있는 방법도 좋은 참고가 될 수 있다. 하지만 정적분을 구한다는 의미를 모르고서는 계산기 역할일 뿐이다.

변화가 생겼다. 어떤 기간 또는 어디까지 걸쳐 있는지 본다. 그 원인과 크기를 가늠한다. 예를 들어 꽃이 피었다는 건 누군가 꽃씨를 심었으며 때맞춰 물과 양분을 제공하였고, 일정 기간에 걸쳐 줄기와 잎이 나온 뒤 비로소 생긴 변화로 설명할 수 있다.

정적분은 변화를 만든 원인을 파헤쳐 보는 일이다. 이 과정에서 시간이라는 요소가 필수적으로 들어간다. 적분 integral 에 필요 불가이자 내재된 요소, 즉 시간이다. 우리 삶에서 변화를 만드는 원인이다. 그래서 변화 현상을 도함수로 보고 이 변화의 원인과 크기인 정적분을 구하면 시간이란 차원이 하나 더 더해진다. 이렇게 해야만 변화를 설명하고 이해할 수 있다. 따라서 시간을 잘 활용하면 변화의 크기를 얼마든지 조절할 수 있다.

정적분을 배웠으니 이제 뜨거운 죽 후후 불어 먹기다. 할 수 있다. 시간이 좀 더 필요할 뿐이다. 계속하면 된다. 더없이 단순한 삶의 원리다. 정적분 계산을 틀려도 상관없다. 이깟 빗금, 구해서 뭣에 쓰겠는가. 그래도 기억하자. 정적분 속엔 변화를 이루는 시간이 차곡히 더해져 있다.

하나 더, 정적분 값은 음수가 없다. 무조건 남는 장사다. 그러니 후회 없이 계속하면 된다. 오늘 하루를 시작하듯 내일도 모레도 그리하면 된다.

56
정적분 넓이

정적분 문제는 곡선에서 일정 부분을 빗금 친 면적을 구한다.

곡선은 일차원이다. 그리고 면적은 2차원이다. 2차원 면적이 변화한 현상과 추이를 곡선이 설명해 준다. 곡선이 정적분 면적인 미분 값, 즉 도함수가 된다.

반대로 도함수에서 어느 구간의 넓이는 다각형 입방체의 부피, 정적분이 된다. 정적분 값은 숫자로 표현된다. 하지만 가만히 보면 이 변화를 만든 원인은 차곡히 시간을 두고 쌓여 만들어진 공간이다. 그래서 정적분 값은 항상 양수다. 공간이기 때문이다. 질량, 무게, 부피, 무엇이 됐든 마찬가지다.

$f(x) \geq 0$ 이고 구간 $[a, b]$

$$s = \int_a^b f(x)dx$$

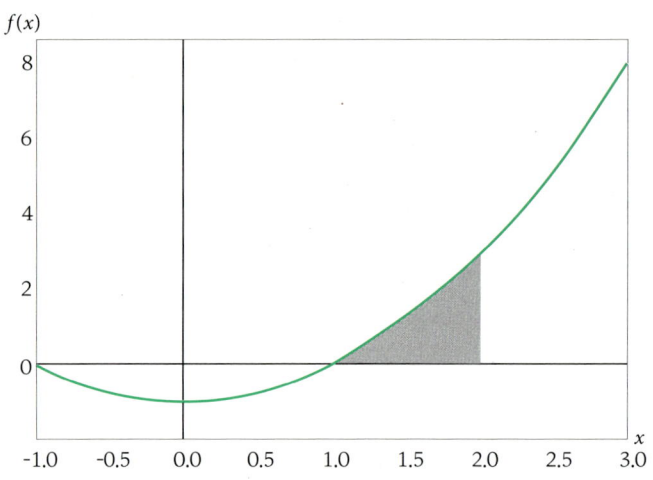

$f(x) \leq 0$ 일 때는

$$s = -\int_a^b f(x)dx$$

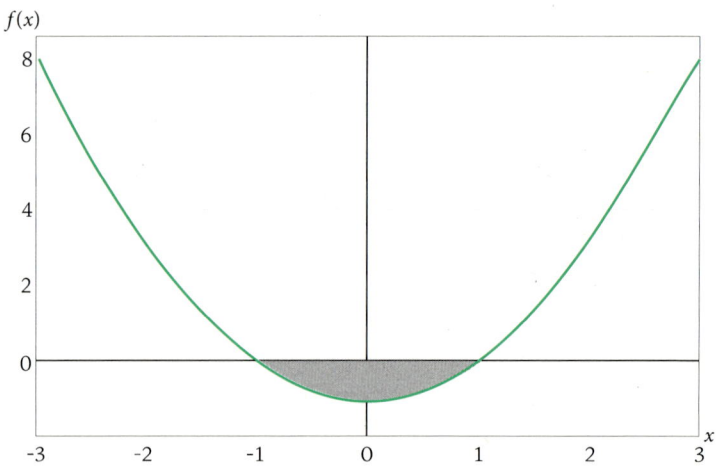

$f(x) \geq 0$ 일 때도 있고,
$f(x) \leq 0$ 인 경우도 있을 때

$$s = \int_a^b |f(x)| dx$$

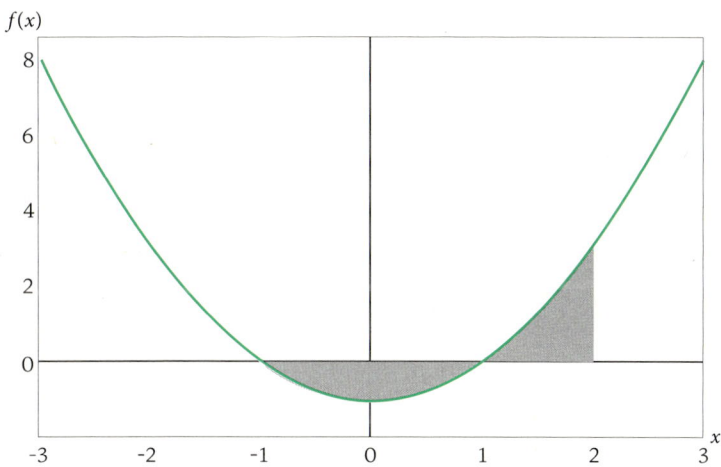

넓이를 구한다는 말은 한 차원이 더해짐과 같다. 일차원의 가로와 세로를 곱하면 이차원의 넓이가 나온다. 도함수 넓이도 마찬가지다. 한 차원 커진다. 기본 산수인 가로와 세로 곱부터 시작해 공식을 전개해 보자.

【 $y = x$ 일차함수일 경우】

$f(x) = x$

$\int f(x)dx = \lim_a \varDelta x \, (가로) \times f(x) \, (세로)$

$\int f(x)dx = \lim_a \varDelta x \times x$

$= ax^2 + c$

【$y = x^2$ 이차함수일 경우】

$f(x) = x^2$

$\int f(x)dx = \lim_{a} \Delta x \text{ (가로)} \times f(x) \text{ (세로)}$

$\int f(x)dx = \lim_{a} \Delta x \times x^2$

$= ax^3 + c$

【$y = x^3$ 삼차함수일 경우】

$f(x) = x^3$

$\int f(x)dx = \lim_{a} \Delta x \text{ (가로)} \times f(x) \text{ (세로)}$

$\int f(x)dx = \lim_{a} \Delta x \times x^3$

$= ax^4 + c$

이렇게 차원의 곱으로 넓이가 전개된다. 차원이 높아질수록 입방체의 모양은 달라지겠지만, 곱해지는 형태는 동일하다.

먼저는 이 높이를 시간이라고 불렀지만, 다른 인수여도 상관없다. 변화를 만들 수 있는 여지가 된다면 무엇이라도 이용해 보자. 히든카드가 한 장 있는 셈이다. 이 판에서 무조건 딸 수 있는 승리의 카드다. 결국 정적분의 값은 모조리 양수다. 남는 장사다. 싹쓸이다. 최종 승자는 바로 그대다. 변화를 향해 "고(go)!" 하면 될 것이다.

57
속도와 거리, 그리고 위치

속도는 거리를 바꾼다. 속도가 빠르면 거리 변화도 급하다. 속도를 적분하면 거리가 된다. 거리를 미분하면 속도가 된다. 안타깝지만 이런 순환 정의는 둘 관계를 이해하는 데 큰 도움이 안 된다. 속도에 대한 부분과 거리에 대해서 좀 더 차근히 바라보자.

속도가 $v(t)$ 일 때 구간 $[a, b]$ 에서 움직인 거리는 다음과 같다.

$$\int f(x)dx = \lim_{a} \varDelta x \times f(x) = ax^2 + c$$

$$\int_a^b |v(t)| dx$$

속도가 쌓여 거리가 되었다. 반대로, 거리로 속도가 결정된다. 여기서 저기까지 거리는 절댓값이다. 양수다. 음수인 허수를 허용하지 않는다. 그렇다면 위치는 어떨까?

정상에 올라 "야~호!" 한 번 하고 산 아래 마을로 내려간다. 빈대떡 잘하는 집이 눈앞이다.

엇, 멧돼지 잡겠다고 파 놓은 구덩이를 못 보고 빠져버렸다. 아무리 소리쳐도 돌아봐 주는 사람 없다. 날도 어둑한데 눈발까지 내린다. 이대로는 얼어 죽기 딱 맞다. 훌쩍 뛰어봐도 구덩이 입구에는 못 미친다. 머리를 쓰자. 메고 온 가방을 세워 도약대로 쓰면 되겠다. 젖 먹던 힘 모아 내달려 배낭을 딛고 뛰어본다. 다행히 구덩이 초입에 늘어진 칡뿌리를 붙잡았다. 영차영차 넝쿨을 타고 구덩이를 벗어났다. 비싼 배낭이지만 상관없다. 살았으니 됐다. 아뿔싸! 지갑을 배낭에 넣어 놨다. 집에 어떻게 가지?

요약하자면 주인공은 산 정상에서 내려오던 길에 구덩이에 빠졌지만, 여차저차해서 간신히 빠져나왔다. 위치가 오르락내리락 변화했지만 거리 값은 오르고 내림이 없다. 그냥 걸어왔던 길 그대로다. 정상에 있을 땐 세상이 다 내 것이었다. 구덩이에 있을 땐 나보다 운 없는 사람 없다며 한탄했다. 구덩이 밖으로 나와 보니 그저 걸어온 길이다. 오르고 내림도 다 길이었다. 삶이었다. 그리고 앞에 또 가야 할 길이 남아 있다. 오르막에 숨 가쁘고 내리막에 아찔해도 계속해 가야 한다.

위에 있든 아래 있든 다 거리로 쌓여간다. 인생길 꼬박이 채워진다. 어디에 있든 상관없다. 가고 또 가다 보면 높든 낮든 적분된 거리가 늘고 있다. 속도가 빠르면 다 될 줄 알았다. 오르막을 뜀박질하려니 힘들다. 내리막을 내달리니 아찔하다. 이런 식으론 계속 갈 수 없다. 바로 한 발 앞만 보고 한 걸음 한 걸음 꾸준히 걸어야 이 길을 다 걸을 수 있다. 위치가 중요하지 않다. 쳇바퀴면 어떠랴. 오늘도 계속해 나아간다.

교과 과정상 미적분은 함수 극한으로 시작해 속도와 거리, 그리고 위치까지 다룬다. 극한은 한 번 정해 본다는 뜻이다. 속도와 거리는 적분, 즉 계속해 쌓음을 말한다. 한 번 정한 길, 두려워 말고 꾸준히 가보라며 수학이 건네는 위로 같다.

인생길은 결핍, 거절, 황당, 아찔, 불안, 어쩔, 저쩔 연속이다. 다음이라는 여지는 아무도 보장하지 않는다. 다들 어떻게 버티는지 용하다. 그래도 한번 정해보자. 무엇이든 상관없다. 계속해 나가자. 언제까지는 중요치 않다. 올라 봐야 허공인 때도 만나고 바닥 밑 지하로 처박힐 때도 있을 테다. 느릿하고 느슨하게 이 길을 완주하자.

이 추운 세상, 입김을 불어서라도 언 마음을 녹이자. 그 작은 따스함에도 봄은 움튼다. 그대가 꽃처럼 피어날 인생의 봄이다. 계속해서 살아가는 것, 그거면 충분하다. 그대답다. 수학하는 삶이다.

58
경우의 수

사건이 한 번씩 차례로 일어난다고 보자. 아침에 일어나서 밥 먹고 등교하고 하교하며 노래방 갔다가 집에 오는 일이다. 엄마가 학교 잘 다녀왔냐고 물으면 노래방 갔던 일은 스터디카페 갔다 온 걸로 바꿔 답해도 괜찮다. 하나씩 나열된 사건을 합한 게 경우의 수가 된다.

오늘도 학교에 간다. 가방은 가볍고 마음은 무겁다. 시험 날이다. 연필은 좋은 걸로 가져간다. 굴리면 가끔 정답을 가르쳐 주는 요술 연필이다. 오후 늦게까지 시험을 보고 마음마저 가볍게 교정을 나선다. 친구들이 말한다.
"자 오늘 한번 제대로 놀아 보자."
"노래방, 커피숍, 볼링장 이 중에 선택해 보자고."
"다 가면 안 돼?"
"안 돼! 너무 늦어. 엄마가 8시까지는 돌아오라고 했어."
"잠깐만! 수학동에서 놀다가 부모님께 들키면 어떡해? 옆 마을 여행동으로 가자!"

"그러면 수학동 아니면 여행동으로 갈지를 선택하고 노래방, 커피숍, 볼링장 중 어디에서 놀지도 정하자."

두 사건이 동시에 일어난다. 공간과 공간이 병렬로 묶여 있다. 수학동에 가서 노래방, 커피숍, 볼링장으로 가도 되며 여행동의 노래방, 커피숍, 볼링장도 괜찮다. 저 경우의 수는 6가지가 될 것이다. 수학동, 여행동(2), 노래방, 커피숍, 볼링장(3)의 조합이다.

왜 이런 경우의 수를 따져야 할까? 시간이 유한하기 때문이다. 모두 다 해도 되지만 한정된 자원, 시간에 얽매여 있다. 값없이 주어진 시간이지만, 영원하지 않다. 하루 24시간을 늘릴 수도 없다. 천천히 가라고 해도 말 안 듣고, 빠르게 가라며 재촉해도 꿈쩍 않는다. 오직 경우의 수가 중재자다.

삶은 선택의 연속이라고 한다. 합의 법칙과 곱의 법칙을 따른다. 어떤 선택을 해도 동시에 할 수 있는 선택은 단 한 가지다. 그러니까 다른 선택의 결과를 절대 알 수 없다. 지금 어떤 선택을 후회한다면 다른 선택이 더 나았을 거라는 생각 때문일 테다. 하지만 엄밀히 말하자면, 그 사건은 존재하지 않는다. 그러니까 환상이다.

자유로운 날들을 살길 바란다. 곱이든 합이든 한 번에 한 가지씩 하는 일이다. 그리고 계속하면 된다. 경우의 수는 수일 뿐이다. 그리고 어떤 경우라도 그 주인공은 당신이다.

59
순열

순열에 대한 정의다.

> 순열(*permutation*)은 순서가 부여된 임의의 집합을 다른 순서로 뒤섞는 연산이다.
>
> 출처 : 위키디피아, 순열

$$_nP_r$$

이 기호에서 P는 *permutation* (순열)이다. n개를 섞어 r개를 뽑는다는 뜻이다. 다만, 순서가 있다. 상하, 좌우, 대소 기준에 따라 맞춘다. 학교에서는 학년, 직장에서는 직급으로 세운다. 질서가 부여된다. 생각해야 할 것이 더 있다. 경우가 많아진다. 순열은 세워진 원소마다 역할이 다르다. 하나라도 빠지면 티 난다.

필자는 만화책을 좋아했다. 장래 꿈을 만화 가게 주인으로 정했다.

대학 첫 여름방학 때 경영 수업 할 겸 만화 가게에서 아르바이트를 해봤다. 사실 돈이 궁했다. 어쨌든 지금 웹툰과 달리 종이책으로만 만화책이 발간되던 시절이었다.

한 시리즈를 질이라고 했다. 적게는 스무 권, 많게는 백 권을 넘기도 했다. 유명 작가들의 작품들이 나름의 질서를 가지고 책장 빼곡히 진열되어 있었다. 아르바이트 역할 중 하나는 시리즈 중에 빠져있는 책을 찾는 것이었다. 손님들이 꽤 많았다. 누군가 다 본 만화책은 다시 그 시리즈가 있는 책장에 바로 넣어 놔야 했다. 그래야 다른 손님이 그 책을 찾아 빌려 볼 수 있었다. 이 일을 얼마나 빨리, 눈치 있게 하는지가 그날 매출에 큰 영향을 줬다. 인기 있는 작가의 책은 여러 사람이 찾았다. 나도 모르게 만화책 시리즈 순열에 익숙해졌다. 만화책 한 질을 이루는 책 중 한 권이라도 빠지면 안 된다. 그 한 권이 있어야 다음 편이 전개된다. 한 권 한 권이 다 소중하다.

두 달여 정도 경영 수업을 받았다. 그때쯤 인터넷 메일인 다음이 서비스를 시작할 때였다. 필자는 시대의 흐름을 직감했다. 만화 가게 경영의 꿈을 접었다. 이제 만화는 책이 아니라 모니터로 볼 거라 생각했다. 단지 생각만 했다. 그 당시 웹툰 작가를 시작했다면 성공했을까? 경우의 수에서 배운 것처럼 의미 없는 상상이다. 가보지 않은 길은 잊자. 그때그때 적절한 선택을 한 것이다.

받은 월급 꼬박 모아 부모님 제주도 여행을 보내드렸다. 새벽까지 장사하시느라 제주도 한 번 못 가보신 부모님께 드리는 작은 사죄였다. '어렵게 돈 벌어보니 부모님 돈으로 호의호식한 게 새삼 죄송했다.'고 부모님께 말씀드렸다. 감동하셨다. '뻥'이었다. 사실 친구랑 놀러가려고 모은 돈이었다. 다만 그 친구는 새로 여자친구를 사귀었고, 나 대신 여자 친구를 선택했다. 게다가 돈 받은 걸 엄마가 눈치챘다. 그동안 속썩인 게 생각나 저렇게 둘러댔다. 이래저래 핑계다.

그 경우의 수를 후회하지 않는다는 말이다.

다시 순열로 돌아가자.

야구는 아홉 명의 선수로 이뤄진다. 매회 공격 시 타자의 순서를 정하는 타순이 바로 순열이다. 타순을 정하는 방법은 9! (팩토리얼, 9×8×7×6×5×4×3×2×1) 362,880개의 경우의 수를 가진다.

어떤 경우라도 아홉 명의 선수를 나란히 세워야 하며, 그 어떤 선수도 중간에 빠져선 안 된다. 당연히 4번 타자가 연이어 9번 나와서도 안 된다. 모두 다른 선수여야 한다. 1번 타자는 발이 빠르고, 2번 타자는 상대편 선발투수에 강하다. 7번 타자는 수비의 귀재고, 9번 타자는 어떤 공도 다 받아내는 최고의 포수다. 4번 타자만 최고가 아니다. 1번부터 9번까지 오늘 타선을 이루는 선수가 모두 중요하다. 승리는 이 아홉 명의 합동 작품이다. 순열로 줄 세운 이유는 결국 한 팀을 만들기 위해서다. 물론 다음날 스포츠 신문은 4번 타자의 만루 홈런 소식으로 도배될 것이다. 하지만 찐팬이면 안다. 1번, 2번, 3번이 진루해서 4번 타자의 만루 홈런이 가능했다. 모든 선수가 다 수훈감이다.

지구 80억 명을 순열로 계산해 보자. 어떤 기준으로 세우더라도 그 순열 값은 어마어마한 경우가 될 것이다. 야구 타순과 마찬가지로 이 중 단 1명이라도 빠지면 순열이 만들어지지 않는다. 앞에 서든 중간에 자리하든 뒤에 머물든 모두 다 소중하다.

순열이 어디에 있든 그대가 있어야 이 진화와 질서가 유지될 수 있다. 세상이 어떻게 줄 세우든 흔들릴 필요가 없는 이유다. 순열의 기준은 바로 그대다. 그대 없이 이뤄질 수 없으니 당연하다.

60
조합

> 조합(*combination*)은 유한 개의 원소에서 주어진 수만큼의 원소들을 고르는 방법이다.
> 출처 : 위키피디아, 조합

$$_nC_r$$

조합에 대한 정의다. 이 조합 기호에서 C는 *combination* (조합)이다. 순열과는 다르게 n개를 섞은 뒤 순서를 생각하지 않고 r개를 선택한다.

어릴 때 증조할머니께 고스톱을 배웠다. 화투는 조합부터 시작한다. "퉁"이라고 하시면 화투 패 48장을 섞고 이 중에 6장의 패를 뽑아 바닥에 깐다.

조합식으로 계산하자면,

$$_nC_r = \frac{_nP_r}{r!} = \frac{_{48}P_6}{6!} = \frac{48 \times 47 \times 46 \times 45 \times 43 \times 42}{6 \times 5 \times 4 \times 3 \times 2 \times 1}$$

$$= \frac{8,433,875,520}{720} = 11,713,716$$

약 1,200만 개의 경우가 나온다. 타짜(전문 도박사)면 계산이 가능할 테지만, 할머니와 나는 재미 고스톱이다. 손자에게 수학 가르쳐 주려고 하신 놀이도 아닐 테다. 그냥 심심풀이다. 이기든 지든 사탕 하나는 얻어먹는다.

화투를 치면서 배운다. 쌓여있는 패를 뽑아 바닥에 던져야 이기든 지든 한다. 딱딱 들어맞을 땐 기분 좋다. 맞는 패가 없을 때가 더 많다. 괜찮다. 다음 차례가 있다. 어쨌든 섞여 있는 패에서 한 장을 선택해서 바닥에 던져야 한다. 두근두근 설렘의 연속이다. 이 불확실성이 달리 느껴질 때도 있다. 두려움이다. 둘 다 앞을 모르기 때문에 생긴다. 결국 바람이 만들어낸 감정이다.

조합은 섞어서 무작위로 뽑는 일이다. 뭐가 나올지 모르는 게 당연하다. 바람이 허탈해질 수밖에 없다. 두려움보단 설렘 가득찬 순열이 나을 듯하다. 특별히 노력할 것도 없다. 해가 지면 다음날이 다가온다. 하늘이 알아서 패를 섞어 준다. 설렘 가득한 마음으로 이 패를 뒤집자. 안 맞는 날도 있고 딱딱 맞아떨어지는 날도 있다. 지든 이기든 상관도 없다. 증조할머니와 함께 놀이하던 그 시절, 승패는 기억이 안 난다. 내가 지금 타짜가 아닌 걸 보면 대부분 졌을 테다. 남아있는 기억은 할머니 웃음소리와 재미있고 설렘 가득했던 시간이다.

자연계 조합 대부분은 우연으로 가득차 있다. 내 선택과 무관한 결과가 대부분이다. 세상에 나오기 전 어디에 속할지 무엇이 될지 그 아무도 모른다. 다행히 세상의 다양한 조합 중 가장 잘 뽑은 한 쌍이 있다. 바로 가족이다. 우연히 섞여 뽑힌 서로 중 가장 아름답고 사랑스러운 조합이다.

우리에겐 매일 새로운 하루라는 판돈이 공으로 생긴다. 오늘도 내일도 설렘을 갖고 패를 뒤집자. 이기든 지든 고맙고 뿌듯한 날들이 조합될 것이다. 가족, 그리고 사랑하는 사람들과 함께라면 더욱 그렇다.

61
이항정리

태아는 배아 세포에서 시작된다. 한 개의 세포는 두 개로, 두 개의 세포는 네 개로, 네 개의 세포는 여덟 개로 2의 거듭제곱으로 나눠진다. 6주 정도 지나면 뇌부터 시작해 인체 여러 기관이 생긴다고 한다. 생명이 창조되는 과정에 수의 법칙이 준용되는 점이 놀랍다.

엄마의 난자를 a, 아빠의 정자를 b라고 하면 아래의 법칙이 생긴다.

$a\ =\ 1\ =\ \ \ \ \ 1\ \ \ \ \ \ \ =1=2^0$

$a+b\ =\ 11\ =\ \ _1C_0\ _1C_1\ \ \ =2=2^1$

$(a+b)^2=\ 121\ =\ _2C_0\ _2C_1\ _2C_2\ \ =4=2^2$

$(a+b)^3=1331=\ _3C_0\ _3C_1\ _3C_2\ _3C_3=8=2^3$

엄마의 난자에 아빠의 정자가 합해지고, 이후 수정 세포가 계속 분열되는 꼴이다.

왼쪽은 인수분해다. 중간은 이항정리 법칙인 파스칼의 삼각형이다. 그리고 오른쪽은 이항계수를 다 더한 수이다. 배아 세포가 나뉘는 꼴과 동일하다. 생명이 전개되고 있다. 인수분해는 다각형의 꼴이다. 세포들이 모여 있는 모습이다. 중간의 이항정리는 전개다. 세포들이 어떻게 모여 있는지 설명한다. 이항계수를 다 더한 게 전체 세포의 수다.

파스칼의 삼각형은 이항계수를 나열한 것이다. 앞서 식을 이항계수로 다시 적용하자.

$a = 1$

$a + b = 11$

$(a+b)^2 = 121 = 1a^2 + 2ab + 1b^2$

$(a+b)^3 = 1331 = 1a^3 + 3a^2b + 3ab^2 + b^3$

인수분해를 전개한 것이 이항정리가 된다. 이항계수인 1, 2, 3 의 숫자를 다 합하면 서로 다른 요소들이 총 몇 개인지도 안다.

배아 세포로 보자면 점점 아이가 자라나는 셈이다. 우리 모두가 세상에 나온 법칙이다. 엄마와 아빠를 인수로 해서 끊임없이 전개한 나날들이었다. 그리고 앞으로도 긴 시간을 전개하며 이항정리를 할 터이다. 어느 때가 되면 키가 더 커지거나 새로운 기관이 만들어지진 않는다. 그래도 매일매일 세포가 새롭게 이항정리되면서 전개된다. 자라나고 있다.

꿈과 희망을 키울지 절망과 탄식을 자라게 할지는 그대에게 달렸다. 모쪼록 이항정리 계수가 그대의 행복과 가깝기만 바란다.

수학자 파스칼 저서 『팡세』의 한 구절이다.
"겉으론 무척 연약해 보이는 모든 것이 힘의 원천이다."

아주 연약한 세포에서 시작한 우리다. 이항 공식에 따라 계속해 성장한다. 지금 내 연약함 또한 앞으로 살아갈 힘이 될 터이다. 시작은 빠르지만, 끝으로 갈수록 세포 분열도 늦어진다. 조금은 느릿하게 천천히 가도 반드시 그 끝에 닿는 법칙이다.

계속하면 된다. 한 걸음 한 걸음 소중히 조합하고 이항, 즉 전개하면 될 일이다. 꿈을 마음껏 펼치길 바란다. 태어나 지금까지 전개되고 이항되어 자라온 그대다. 반드시 그 꿈을 펼쳐 나갈 것이다.

62
확률

확률은 공간과 사건에 관한 이야기다. 사용되는 용어만 봐도 그렇다. 확률이 발생하는 장소를 표본공간이라고 한다. 시행은 이 공간 속에서 사건을 발생시키는 일이다.

시행되는 사건도 가지각색이다. 근원사건, 전사건, 공사건, 합사건, 곱사건, 배반사건, 여사건. 사건의 연속이다. 매일 올라오는 뉴스 속보처럼 표본공간에서 발생하는 사건도 그 양과 종류가 무한하다.

뉴스를 보자. "단독 보도입니다."라고 시작하는 경우가 있다. 확률에선 근원사건이다. 표본공간에서 단 한 개씩 일어나는 사건을 가리킨다.

오늘의 날씨는 뉴스 터줏대감이다. 절대 빠지지 않는다. 확률에선 전사건(全事件), 반드시 일어나는 사건을 말한다.

"오늘 태양이 서쪽에서 떴습니다.", "한 외국인이 밀쳐서 울산바위가 굴러떨어졌습니다." 이런 가짜 뉴스도 가끔 눈에 띈다. 확률로는 공사건(空事件)이다. 결코 일어나지 않은 사건이다.

교통사고 소식도 자주 듣는다. 하루에 발생한 교통사고 소식을 다 모아서 금일 교통사고는 ○건, 부상 ○건으로 말하기도 한다. 확률에서 합사건(合事件)도 마찬가지다. 부분집합인 사건 A 또는 B 가 일어나는 사건을 다 합한 꼴이다.

올림픽 월드컵 최종 승리 소식은 모두의 관심사다. 전 세계가 모두 이 뉴스만큼은 공통으로 다룬다. 확률에서는 곱사건이다. 표본공간 부분집합 A 사건과 B 사건의 공통 부분이다.

배신, 배반도 단골 뉴스다. 양쪽이 서로 다른 말을 하는 경우다. 이 사람은 저 사람이 시켜서 했다고 하고, 저 사람은 이 사람 때문이라고 한다. 서로 합쳐지는 게 아무것도 없다. 한 사건이 일어나면 다른 사건은 일어날 수 없다. 이렇게 서로 다른 경우가 확률 배반사건(排反事件)이다.

우리나라는 분단국가다. '북한이 전쟁을 도발했을 경우'라면서 전문가의 의견을 전할 때도 있다. 사실 전쟁은 일어나지 않았다. 어떠한 사건을 가정한다면 그 사건은 여사건(餘事件)이 된다. 가정이라는 것 자체가 일어나지 않은 사건에 관해서만 가능하기 때문이다. 일어난 사건은 그 일어나지 않은 사건의 여사건이 될 것이다.

서로가 배반의 입장이다. 하나가 일어나면 다른 하나는 발생할 수 없다. 전등을 켜고 끄는 일이다. 슈뢰딩거 고양이처럼 두 가지 경우가 동시 존재하는 양자역학과는 다르다. 산은 산이고, 강은 강이다. 산이자 강일 수 없다는 말이다.

공간은 단항식 또는 다항식이다. 사건은 방정식이다. 공간과 사건이 만나 확률이 된다.

$$확률\ P(A) = \frac{사건\ 개수}{표본공간\ 원소\ 개수}$$

그렇다면 인간은 이 확률을 어떻게 받아들일까?

"척 보면 압니다~~~."라는 1980년대 개그 유행어가 정답이다. 감으로 안다. 느낌상 그렇다. "당신 해봤어?"라고 물으시면 "네~ 제가 해봐서 아는데요."다. 경력과 경험으로 알 수 있다. 다른 말로 통계적 확률이다. 요즘 유행하는 인공지능도 저 경험을 기계가 학습할 수 있도록 돕는 수학적 모델이 그 시작이다.

위 정의에 따르면 P가 1에 가까워지면 무조건 일어나거나 예측 가능하다. P가 0이면 그 반대다. 저 P만 알면 된다. 방법도 분명하다. 많이 경험하는 것이다. 새롭고 낯선 일을 반기자. 거절과 불편이 주는 달콤함에 빠져들자. 통계적, 경험적 확률 P가 1에 가까워질 때까지 계속 시도해 보자. 아무리 다양한 일이 발생해도 다 한 번쯤 겪어본 일이 된다. 일정한 값에 도달한다. 전문가다. 흔들림이 없다.

인생은 사건의 연속이다. 무한한 순서쌍이다. 우리가 공간에 있기 때문이다. 확률의 조건인 공간과 사건을 다 갖춘 곳이 우리가 사는 사회다. 사는 동안 이 공간을 떠날 수 없는 것처럼 사건도 피할 수 없다. 공간을 품으로, 사건을 좋은 소식으로 바꾸자.

새날이 곧 *Good News*다.
Good Morning, Good Afternoon, Good Evening.
매사가 굿! 굿! 굿!이다.

63
확률의 합

확률은 표본공간과 시행된 사건으로 만들어진다. 표본공간은 사건으로 채워진 집합이다. 여기서 확률은 비율로 나타난다.

$$확률\ P(A) = \frac{사건\ 개수}{표본공간\ 원소\ 개수}$$

분모는 표본공간이며, 분자는 일어난 사건이다. 내분이자 유리수다. 항상 일어나는지 어쩌다 그러는지, 아님 결코 생길 일이 없는지 보는 일이다.

표본공간에서 부분집합인 사건 A와 B가 겹쳐 일어날 수도 있다면, 겹친 부분은 한 번 빼주어야 한다. A와 B를 더할 때 겹친 부분이 중복되는 탓이다. 종이를 포개어 보면 알 수 있다. 겹치는 만큼 튀어나온다.

각 사건이 겹치지 않을 때도 있다. 배반사건은 한 사건이 일어나면 다른 사건은 발생하지 않는다. 두 사건을 더한 게 이 사건과 저 사건이 생길 확률의 합이다.

 표본공간은 하나의 사건과 그 사건을 제외한 다른 사건들로 채워져 있다. 이 남은 사건을 여사건이라 부른다. 이 두 확률을 다 더한 합계는 1 이다. 분모인 표본공간 크기와 같아지기 때문이다.

 수가 아니라 공간으로 바라보자. 우리 각자가 사건이다. 한 공간에 다수의 사람이 있다면 각자의 사건도 있을 테다. 서로 모여 마음과 힘을 합해 보자. 저 확률 합 공식에서 중복이라 빠진 부분마저 같이 더해진다. 함께 손 모았다고 겹친 손이 사라지지 않는다. 확률을 넘어서는 힘, 그래서 시너지다. 둘 이상 힘을 더하면 더 큰 힘을 낼 수 있다는 뜻이다.

 표본공간은 가능성으로 가득 차 있다. 확률 합은 이 가능성을 실현하는 일이다. 하나로 합하니 꿈을 이룰 확률도 커진다. 백지장 손 맞드는 이유다. 독수리 오형제가 지구를 지키는 힘이다. 함께하는 연대 속에 확률, 즉 희망이 커진다. 마음은 더하고 힘은 조금 덜자. 서로가 힘 되어 계속해 살아가는 지혜다.

64
확률의 곱

어떤 일에 제한을 두는 것을 조건부라고 칭한다.

조건이 붙으면 왠지 안 좋아 보인다. 무조건이 더 끌린다. 사랑도 무조건, 가격도 무조건. 무조건이 최고인 듯하다. 무조건은 제한이 없다는 뜻이다.

하지만 인간사에 무조건이 있을 순 없다. 우리는 조건부로 살기 때문이다. 그 조건도 단순하다. 숨쉬는 날까지다. 그러니 무조건에 조심하자. 거짓말에 속지 말자. 조건을 따지는 게 좀 더 현실적이다.

곱한 확률로 새로운 공간이 만들어진다. 이 공간은 빛난다. 그 부분만 부각된다. 하현달 같다. 달의 둥근 면에서 일부 밝히 드러난 공간이다. 사방에 흩어진 불나방들이 이 밝은 곳에 모인다. 윙윙윙 다 모였다. 조건부라도 훤해 좋다. 여기면 우리 님 만난다.

한여름 밤, 반쯤 기운 달이 산에 걸렸다. 며칠 뒤면 저 달빛도 다할 테다. 그래도 괜찮다. 오늘은 휘영청 맘 밝힌다. 멀지 않은 곳에 님이 있다. 하루 사는 산나

방도 오늘만큼은 신나 날아다닌다. 불나방을 확률에 비춰 보자면, 조건으로 모인 사건이다.

확률 곱셈은 드넓은 표본공간에 퍼진 사건들을 조건부로 모은다. 스포트라이트를 모인 사건에 비춘다. 환히 밝혀 드러낸다.

달과 지구는 행성 간 거리라는 조건으로 서로 얽매여 있다. 그 조건 때문에 서로 빛나는 모습을 바라본다. 달은 지구를, 지구는 달을 보는 일이다. 아름다운 조건이다. 엉켜 함께 된 모습이다. 두 나무가 하나로 묶인 연리지다. 달이 있어 지구가 있다. 지구가 있어 달도 있다. 은하 한가운데 두 공간의 궤도 운동이 얽혀 있다. 서로 종속되었다. 같은 뜻으로 종속사건이다.

삶은 조건 연속이다. 그래서 선택도 연속이다. 이럴 땐 이렇게 저럴 땐 저렇게 정한다. 우물 안 얽히고설킨 개구리들이다. 한 녀석이 울면 다 같이 개굴댄다. 요기서 폴짝 뛰면 저기서 팔짝 뛴다. 온 힘 다해 그 우물을 벗어나 봐도 더 큰 우물 안이다. 지구 끝까지 걸었는데 도착하니 제자리인 셈이다. 저기서 재채기 한 번 하면 여기선 태풍 온다. 서로가 더 없이 종속적이다. 동떨어짐 없는 하나다. 그래서 지구촌이다. 우리는 하나, 우리는 한 세상(We are the One, We are the World). 올림픽 정신이다.

가끔 이런 매임이 싫어 혼자 동떨어져 살기도 한다. 자연인이다. 사람 대신 대지가 품어준다. 먹을 것도 주고 누울 곳도 제공한다. 계절에 따라 이렇게 살게 하고 저렇게 살게 한다. 이 품이 아무리 좋아도 결국 떠나야 할 때가 있다. 새끼 고양이 젖 뗄 때다. 아기 새 첫 비행이다. 오롯이 혼자 된다. 혼자서 해야 한다. 독립 사건이 시작된다.

독립 사건은 의지와 계획과는 상관없이 꼭 일어난다. 일어날 일은 반드시 일어난다는 머피의 법칙이다. 우리 생에 딱 한 번 발생한다.
 죽음이다.
 어찌할 수 없다. 다른 사건과 무관하다. 확률이 줄거나 커짐 없다. 저세상 가는 거니 이 세상 확률이 끼어들지 못한다. 한마디로 예측 불가다.

 우리가 사는 공간은 조건부 확률과 종속 사건으로 가득차 있다. 무조건 확률과 독립 사건은 저세상 일이다. 제약과 조건, 불편과 매임을 즐기자. 어차피 무조건과 독립 사건은 만나게 되어 있다. 그동안 태도를 선택해 보자.
 영향 받고 영향을 줄 수밖에 없다면 선한 영향을 주는 일이다. 매이고 묶여 있다면 그 테두리로 서로 안고 보듬어 주자. 이웃 나라 속담에 '내가 웃으면 세상이 웃고, 내가 울면 혼자 운다.'라는 말이 있다. 웃으면 복이 올 확률이 1에 가까워진다는 격언일 테다. 그대가 즐거울 확률도 그리될 것이다.

65
확률 분포

평균은 모아서 나눈다. 모으는 방식은 순열을 사용한다. 줄 세워 하나씩 더한 후 그 원소 개수로 나눈다. 그래서 만들어지는 값이 평균값이다.

모인 원소 중에는 같은 원소도 있을 수 있다. 줄 세워 보았는데 동일한 꼴이 몇몇 눈에 띈다. 크기가 될 수도, 모양이 될 수도 있다. 데칼코마니, 도플갱어다. 분신술이다.

도수(度數)는 그 같은 원소가 몇 개인지 세는 일이다. 길게 늘어선 순열에서 같은 꼴을 모은다. 사각형 두 개, 삼각형 한 개, 동그라미 다섯 개 식이다. 크기, 모양, 색. 어떤 기준이든 같은 꼴로 모아본다.

평균을 구하는 방법은 동일하다. 줄 세운 원소를 더하고 그 원소 개수로 나눈다. 더한다는 말은 곱과도 같다. 좀 더 정확히 말하자면, 원소에 도수를 곱하여 각각 더한 뒤 전체 도수의 합으로 나누는 일이다.

원소들을 큰 도시들로 견줘보자.

서울과 부산은 멀다. 부산과 광주도 그다지 가깝지 않다. 서울과 인천은 그나마 가깝다. 서울을 중심으로 보자면 수원, 인천, 남양주 등은 제법 가깝게 모여 있다. 반면, 대전이 중심이면 서울, 부산, 대구, 광주는 멀리 흩어진 도시들이다. 여기서 중심이 평균이다. 평균과 얼마나 멀리 있는지 보는 게 편차다. 편차도 평균을 낼 수 있다. 평균편차를 보면 모여 있는지 멀리 흩어져 있는지 알 수 있다.

하지만 명심하자. 편차는 거리다. 절댓값이다. 경계다. 허수를 허용하지 않는다. 거듭제곱 또는 제곱근으로 표현한다.

표준편차 = $\sqrt{\text{분산}}$

1980년대 이산가족 상봉일이 있었다. 이때만큼은 남과 북이 없었다. 온 국민 눈물 나게 슬프고 웃음 나게 기쁜 날이었다. 이산가족은 항상 뭉클한 말뭉치였다. 헤어져 있음을 뜻하는 이산과 지붕 밑 함께 모여 있다는 가족이 마주하니 울고 웃을 수밖에 없다.

이산 확률 변수는 이산과 확률, 그리고 변수라는 말이 모여 있다. 사건들이 모인 공간에서 어떤 사건이 시행될 가능성이 확률이다. 변수(變數)는 이 확률이 변할 수 있음을 암시하며, 비율인 유리수로 표현한다. 이산(離散)은 이러한 확률 변수들이 여기저기 흩어져 있음을 뜻한다. 따라서 이산확률변수는 표본공간에서 흩어져 있는 각 사건이 어림되어 발생하는 경우의 수다.

확률 분포는 사건과 확률 변수를 이어주는 관계다. "이 사건이 일어날 가능성은 이 정도입니다."라고 명확히 말해준다. 좀 더 세분하면 "이 사건에 대해서 이런 경우가 일어날 가능성은 이 정도, 저런 경우가 발생할 가능성은 저 정도 등입니다."라고 설명해 준다. 무한한 경우가 생길 수 있다.

한 사람의 생애를 보자. 이런, 저런, 어쩔, 저쩔, 모든 경우가 모인다. 한마디로 무한한 순서쌍의 모임이다. 그러니 함수다. 인생이 고차원함수인 것과 결을 같이 한다. 이러한 관계를 이산확률변수의 확률질량함수라고 한다. 이 질량함수를 다 모으면 1과 같다. 모든 확률을 더했기 때문이다. 일어나야 할 일은 모두 일어난 상황이다. 더 이상 아무 일도 안 일어난다. 급수의 합과 성질이 같다. 인생을 순열한 함수에서 이를 다 더한 게 급수다. 그 값은 오롯한 하나 1로 수렴한다.

우리는 확률질량함수가 오롯한 하나임을 알았다. 급수의 합이기 때문이다. 하루하루가 이 급수를 말한다. 하루에도 여러 사건이 일어나지만, 인생 전체를 1로 두고 보자. 이산확률변수인 유리수(분수) 값과 같다. 비율이다. 기분 좋은 날, 기분 나쁜 날, 행복한 날, 아픈 날, 성공, 실패, 좌절한 날, 그럼에도 함께해 든든했던 날 등등이 인생 확률질량함수를 채우는 순서쌍이 된다.

저 모든 날을 각자 일어나는 사건이라 생각해 보자. 각 사건이 얼마나 시행될지 대충 어림해 본다. 그리고 평균을 구해 본다. 기댓값이다. 아마도 죽기 일보 직전 정도 되어야 이 값이 정확할 게다. 혹은 죽은 다음일 수도 있다. 이 기댓값을 가지고 누군가 말한다. "잘 사셨어." 또 누군가는 말한다. "잘 죽었어." 하지만 당사자는 아무 상관없다. 더 이상 아무 일이 일어나지 않는 확률질량함수 값이 1이 되었기 때문이다. 이미 저세상으로 떠난 몸이다. 꼭 이와 같은 경우가 아니어도 기댓값을 구할 수 있다.

인생 어느 즈음에 셈해 보는 것이다. 성공을 기대한다면 노력한 날이 많아야 한다. 행복이 가득차려면 슬픔은 비워야 한다. 기댓값은 평균이다. 비율이며 외분이다. 크고 작고는 내 마음에 달렸다. 게다가 끝날 때까지 아무도 모른다. 그리고 끝난 뒤는 내가 모른다. 기댓값을 어디에 두든 그 비율이 따스함과 평안으로 가득차길 희망한다. 결국 1보다 더 커질 수도 작아질 수도 없는 확률질량함수가 우리 삶이다. 그대 눈동자에 희망, 그대 손에 능력, 그대 삶에 지혜를 느긋하게 채우면 된다. 기댓값을 채우는 주체는 바로 그대다. 하루하루 그대의 삶이 그 결과다. 수(數)가 주는 아름다움으로 정리된다. 수학을 공부하는 그대니 당연하다.

66
정규 분포

1초는 유한할까 무한할까? 시간을 쪼개고 쪼개어 본다면 무한한 시간이 이 안에 있을 테다. 밀리 초, 나노 초, 펩토 초. 나누면 나눌수록 끝없다. 자연수가 아닌 실수 세상이다. 무리수다. 닫힌 공간에서 연속되어 있다. 이 연속된 공간에서 발생하는 사건 가능성을 연속확률변수라고 한다. 앞서 무리수라고 했다. 경계다. 공간이다. 다차원 입방체다. 면적을 구할 수 있다. 연속확률변수는 부정적분된 공간이다.

확률밀도함수는 공간 여기에서 저기까지 정해서 구해지는 면적, 즉 정적분이다. 여기에서 저기까지, 이때부터 저 때까지, 이것부터 저것까지 정해 보니 딱 요만큼 밀도를 가진 정적분 면적이 구해진다. 결국 확률도 공간이다. 표본공간에서 일어나는 일이니 당연하다.

우리 사회는 사건의 연속이다. 지구는 둥글고 닫힌 공간이며 연속되기 때문이다. 사건들을 가만히 살펴 보니 종 모양으로 발생 도수가 정리된다. 어떤 일은 대충 많이 일어나고, 어떤 일은 적당히 적게 일어난다. 정규 분포다. 중산층이 대다수고, 양끝인 부자와 극빈층은 드물다는 식이다. 좌우 대칭이다. 종 모양이니 그렇다. 지금까지 그러했다는 정도다. 앞으로는 모른다. 무슨 일이 일어날지 누가 알 수 있겠는가. 그래도 지난 세월을 들여보며 이런 일 저런 일 맞대어 보니 종 모양으로 정리된다.

삶도 마찬가지다. 슬픈 일과 기쁜 날의 빈도는 비슷했고, 그저 그랬던 날이 대부분이었다. 분산, 즉 흩어진 경우가 많으면 이 종은 넓게 펴진 형태. 평균이 높으면 이 종은 기다란 모양이 된다.

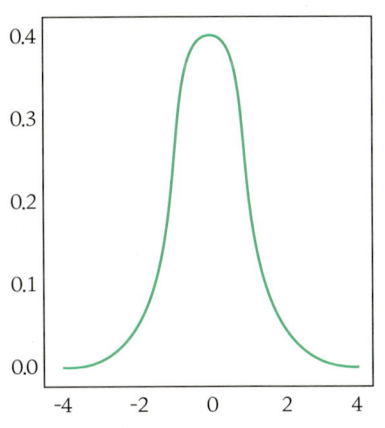

정규 분포는 종 모양으로 그려진다. 분산과 평균값에 따라 위치와 크기가 달라질 순 있다. 어림해 보니 세상 일 별거 없이 이 종 안에 있어 보인다. 하지만 조심해야 한다. 평균에는 함정이 있다.

정규 분포도 마찬가지다. 보고 싶은 부분만 드러낸다. 소득 정규 분포가 그렇다. 물가와 금리, 경제 상황은 빠진다. 돈은 벌지만, 배고프긴 마찬가지다. 버는 돈보다 쓰는 돈, 갚는 돈이 더 많다. 가구 수입만 보니 먼 나라 통계다. 선진국에 진입한 지 오래라는데, 나만 개발도상국 사람이다. 하루하루 고달픔이 더해진다. 믿지 말자. 정규 분포다.

남들이 맞춰준 확률과 분산으로는 나를 설명할 수 없다. 그들이 쓰려고 만든 함수고, 그 사람들에게 딱 맞는 분포다. 정규 분포는 과거 일이다. 앞으로 다가올 날은 규정되지 않았다. 정규 분포는 옛것으로 규정한 분포다. 경계를 넘어야 옳게 보인다. 온고(溫故)했다면 지신(知新)해야 한다. 남들 말, 낡은 정규 분포로 규정하지 말자.

새해가 오면 대다수가 목표를 정한다. 한 번 정해 보는 일이 극한이다. 우극한은 익숙함이다. 좌극한은 낯섦이다. 가능하다면 낯섦을 향해 한 발 더 나가길 바란다. 극한값을 상승시키는 방법이다. 인생은 비정규다. 언제 이 삶을 마감할지 아무도 모른다. 비정규 인생에는 비정규 확률이 더 정확할 게다.

동쪽 가서 광어 없다고 슬퍼한다. 서해 가서 명탯국 그립다며 눈물짓는다. 그럴 필요 없다. 동해 가면 오징어 굽고, 서쪽 해변에선 꽃게 잡자.

매일매일이 다 기쁘다. 슬픔과 기쁨을 정규 분포에 맞출 필요가 전혀 없다. 그냥 다 기쁨으로 채우고 설렘으로 만나자. 낯섦이 그 통로다. 동트는 해 주변 아지랑이 피는 꼴이 평균 실종 N극화 비정규 분포다. 그다음이 일출이다. 쨍하고 해 뜰 날이다.

67
모평균

정의역(*domain*)과 공역(*codomain*)이란 말이 있다. 서로 대응한다. 도메인(정의역) *www.naver.com*을 주소 입력창에 넣으면 코도메인(공역) 네이버 사이트가 나오는 셈이다. 네이버 연관 도메인만 보더라도 굉장히 많다. *bolg.naver.com, post.naver.co.kr, naver.net, naver.kr* … 등 다양하다. 도메인은 네이버만 있지 않다. 구글도 도메인이 있고, 다음, 마이크로소프트, 메타, 쿠팡, 아마존, 에어비앤비, 하루 수학 블로그 등도 있다. 세상에 N개의 사이트가 있다면 N개 이상 도메인을 가질 수 있다.

방금 전 나열한 사이트 중 도메인 몇 개를 추출해 보자. *naver.com, google.com*이다. 공역인 사이트로 들어가 여기저기 둘러본다. 추정해 보면 이 사이트들을 만든 곳은 *IT* 기업이고 검색 기능이 주 사업 모델일 것이다.

원소들이 모여 있는 모집단이 정의역이다. 여기서 몇몇을 추출해 보는 게 표본이다. 그리고 표본을 둘러보는 일이 공역과 대응하는 일이다.

마지막으로 추정해 본다. 우리가 무언가를 판단하는 방법이다. 지금까지 이랬으니 앞으로도 이럴 거라 짐작하는 일이다. 이런 면만 보더라도 충분히 됨됨이를 알 수 있단 말이다. 첫인상처럼 편향될 수 있다. 보고 싶은 부분만 보려 하는 게 사람이다. 표본평균이 필요하다. 내가 추출한 표본이 평균과 얼마나 떨어져 있는지 알아야 한다.

IT 검색 기업만 도메인을 갖고 있진 않다. 온라인 상거래를 하는 회사나 여행사, 개인 블로그도 도메인이 있다. 저 두 표본만 가지고 모집단 대부분이 검색 사이트라고 하긴 어렵다. 표본평균과 얼마나 차이 나는지 모르면 군맹평상(群盲評象), 코끼리 다리만 보고 코끼리 생김새를 짐작하는 꼴이다.

표본이 평균에서 멀어져 있거나 가까이 있는 정도가 표본분산이다. 이를 거리로 재본 게 표본 표준편차. 거리라는 말이 중요하다. 눈에 보인다는 뜻이다. 편차를 봐야 비로소 눈앞에 드러난다. 알 수 있다. 이게 전부인지 부분인지 말이다.

우리 속담이다.

"부처 눈엔 부처만 보이고, 돼지 눈엔 돼지만 보인다."

한쪽 표본만 추출하면 모집단 평균은 한편으로 기울게 된다. 표본을 고르게 골라야 모집단 평균도 신뢰할 수 있다. 주어진 통계의 표본이 골고루 뽑혔는지 살펴봐야 한다. 이것을 확인하려면 그럴듯한 분포를 가진 기준과 비교해야 한다. 이 기준이 정규분포다. 정규분포는 신뢰할 수 있는 기준을 규정한다. 신뢰도가 높으면 균일하게 선정한 셈이다.

【정규 분포 신뢰 구간】

모집단의 평균 ± 신뢰 수준 × $\dfrac{표준편차}{\sqrt{표본\ 크기}}$

$\mu \pm Z \times \dfrac{\sigma}{\sqrt{n}}$

정규 분포 신뢰 구간을 추정하는 공식이다. 어디까지 믿어야 할지 조금은 밝히 말해준다. 그래도 믿지 말자. 정규 분포다. 어디까지나 추정이다. 앞으로 일은 아무도 모른다. 이게 정말 그런 건지도 모호하다. 나와 상관있는지도 의심된다. 표본이 정규 분포라는 가정이 무너지면 저 공식도 쓸모없다. 평균 실종 시대다.

규정 불가한 새날이 다가온다. 정의역인 그대가 대응할 공역은 오늘 하루가 될 듯하다. 이날을 설렘과 희망으로 맘껏 살아가길 희망한다. 뿌듯해질 확률이 있다면 신뢰도 99.999999%로 추정된다.

68
모비율

몇 가지 용어를 다시 정리해 보자.

먼저 확률변수다. 어떤 일을 시행했을 때 기대하는 무언가가 나올 횟수를 뜻한다. 예를 들어보자.

농구라고 한다면 열 번 던졌을 때 공이 골대에 들어가는 횟수다. 10번일 수도 있고 0번일 수도 있다. 한 번도 골을 못 넣을 경우부터 백발백중 골인이 될 경우까지 각각 확률이 있다. 이걸 다 더하면 무조건 1이다. 확률은 비율이니 그렇다. 10번을 시행해서 모두 노 골(No goal)인 경우, 한 골만 들어간 경우, 두 골, 세 골…, 열 골 다 들어간 경우의 수를 표로 만들어도 괜찮다. 확률 분포가 정리된다.

확률변수는 기대했던 일이 이뤄지는 횟수다. 그리고 이항분포에 따라 그 일들이 얼마나 이뤄질 수 있는지를 따져볼 수 있다. 확률변수를 분자로 표본비율이 만들어진다.

【표본비율】

$\hat{p} = \dfrac{x}{n}$ (x는 확률변수)

바라던 바가 이뤄질 비율이다. 비율이니 1도 가능하다. 0도 마찬가지다. 하지만, 대다수는 사잇값일 테다. 이뤄진 만큼이 전부라고 생각하자. 맘먹은 대로 늘리고 줄일 수 있다. 욕심은 적게 만족은 크게 한다면 좀 더 잦은 성취를 맛볼 터이다.

p 위 삿갓 모양 기호는 '햇(*hat*)'이라고 발음한다. p는 모비율 *proportion* 이다. 모비율은 표본을 뽑아온 전체에서 표본과 같은 경우가 발생한 비율이다.

피(햇)은 원래 전체에서 표본 삼아 요만큼을 가져와 봤더니 바라던 일이 이 정도 일어났음을 의미한다. 표본 삼았다는 말에 주목하자. 원래 크기가 아니라는 뜻이다.

대통령 후보자 선호조사로 빗대어 보자. 오천만 국민에게 다 전화해서 물어볼 수 없다. 아주 일부 사람을 표본 삼아 전화한다. 그 사람들의 선호 결과를 발표한다. 그러니 좀 더 자세히 봐야 한다. 이 표본 전부가 대통령 후보자가 속한 정당 사람이라면 조사는 편향된다. 반대도 마찬가지일 테다. 충분해야 한다. 적당해야 한다. 가까워야 한다. 평균은 대상이 충분해야 실속 있다. 분산은 적당해야 한다. 한쪽으로 기울면 불공평하다. 양념 반 프라이드 반이 적당하다. 편차는 가까워야 한다. 중구난방(衆口難防), 동문서답(東問西答)이면 곤란하다. 평균 주변이 알맞다.

표본비율 평균이 충분하면 모비율을 대신한다.	대표할 수 있다.
표본비율 분산이 적당하면 모비율 분산을 반영한다.	수긍된다.
표본비율 표준편차가 가까우면 모비율 편차와 같다.	들어맞는다.

모비율에 속하지 않는 여집합도 있다. 대통령 후보자 선호조사라면 아예 선

거에 관심 없는 사람의 비율이다. 있을 수 있다. 다양성이다. 저게 0이라면 표본 비율 평균은 1이 되고 분산은 0이며 표준편차도 0이다. 100% 지지로 누군가가 당선되는 사회다.

수학 교과 과정상 통계와 확률은 경우의 수로 시작해 통계적 추정으로 끝난다. 세상에 두루 일어나는 일을 수로 정리한 후 앞으로 일어날 일을 예측해 보는 일이다.

수학이 다가올 날들을 속삭여 준다. 그 속삭임에 귀 기울이자. 건강과 평안이 먼저다. 그다음 바람은 물질과 관련되리라 예측된다. 그래서 다음 이야기는 물질과 공간을 뜻하는 기하다.

69
포물선

　서로 초점이 같거나 다른 경우가 종종 있다. 바라보는 생각과 시각이 차이 난다. 초점을 흥미나 관심으로 봐도 괜찮다.
　초점이 돈에 있다면 돈 버는 이야기와 돈 버는 일들을 함께할 테다. 초점이 봉사에 있다면 어려운 사람들을 찾아다니며 돕는 일에 솔선하겠다. 초점이 정치라면 정당에 뛰어들어 세상을 같이 바꾸어 볼 테다. 초점에 따라 삶의 자취가 달라진다. 같은 초점끼리는 같은 자취, 다른 초점끼리는 다른 자취를 가지며 인생을 꾸려 나간다.

　수학에서 초점은 포물선 자취를 그리는 기준점이다. 이 자취를 따라가 보면 꼭짓점과 만난다. 같은 축에 있는 초점과 거리를 잰다. 멀거나 가까울 테다. 이 자취를 이어 보니 꼭짓점을 중심으로 두 갈래로 퍼지는 포물선 모양이다. 포물은 물체를 던졌을 때 솟아오르다 떨어지는 궤적을 말한다. 초점에서 시작해 꼭짓점을 사이로 나뉘는 자취다. 걸어온 길이며 걸어갈 길이다.

초점은 포물선이 그리는 자취가 기준 삼는 곳이다. 초점이 있는 축과 수직인 선이 준선이다. 초점이 달이라면 준선은 지평이자 수평이다. 포물선은 초점과 준선을 같은 거리로 잇는 점들이다. 서로가 떠받친다. 인생길 함께하는 고마운 반려다.

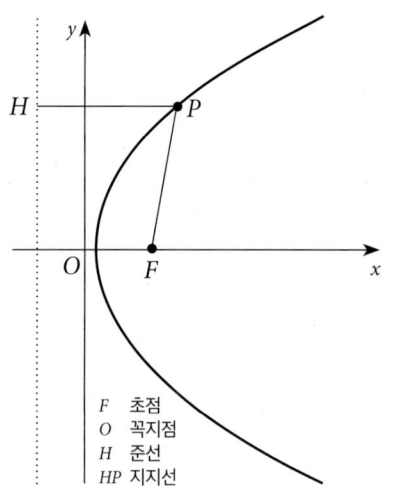

x와 y에 관한 방정식은 무한한 순서쌍을 가진다. 포물선 방정식은 무한한 순서쌍을 이은 자취다. 순간 순간 하루하루 모여 만드는 인생길이다. 그대가 남긴 자취며, 그대가 이룰 성취다.

결국, 초점이 중요하다. 초점에서 시작한 자취이기 때문이다. 꼭짓점을 정상으로 본다면 밑바닥에서 출발할 수도, 정점에서 시작할 수도 있다. 누구에겐 멀고 누구에겐 가깝기에 불평등해 보인다. 그래도 이 길 꾸준히 가다 보면 자취 어딘가에서 반드시 꼭짓점을 만난다. 혼자가 아니다. 마주보는 준선에서 곧게 뻗은 지지선이 함께한다. 동료이자 가족이다. 그대가 가는 자취에 언제나 동행한다.

오르면 내려가야 하고 내려왔다 한들 다시 오를 수 있는 게 포물선이다. 초점이 같으면 자취도 같이 따라간다. 초점이 다르면 자취도 당연히 제각각이다. 서로 함께할 수 없다. 각자 길을 가야 한다. 초점이 같으면 서로 만나고 부대낀다. 헤어짐과 만남이 초점에 있다. 삶을 조율하는 기준이다.

성취로 겨루는 꼭짓점만 올려볼 필요 없다. 어떻게든 닿을 것이다. 초점을 맞추자. 그 초점에서 인생의 자취가 시작되고 계속된다. 포물선은 더없이 아름답고 넉넉하다. 유연하며 공평하다. 그대의 초점에 맞춰진 인생 자취도 이와 같을 터이다.

70
타원

포물선은 초점 하나로 만들어지는 자취다. 초점이 두 개 있을 때 만들어지는 자취도 있다. 타원이다. 두 초점까지의 거리 합이 일정한 점들을 모두 연결해 나오는 모양이다.

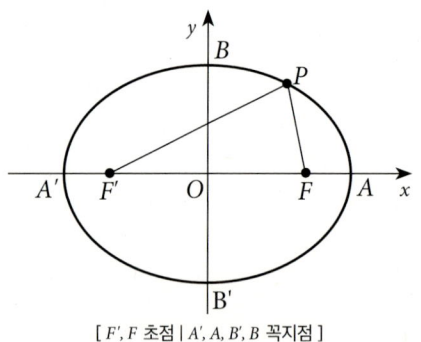

[F', F 초점 | A', A, B', B 꼭지점]

각 초점까지 같은 거리를 가지는 꼭짓점이 두 쌍 생긴다. 두 초점에서 가장 가까운 꼭짓점도 두 쌍이 나온다. 이 네 개 꼭짓점을 거치며 무한 순환되는 자취가 타원이다. 흡사 부풀어진 빵 모양 같다.

게임 부캐릭터 준말인 부캐가 유행이다. 두 개 이상의 직업을 가지고 있다는 투잡러와도 유사하다. 다는 아니지만 낮에는 직장인, 남는 시간엔 취미 활동에

몰두하는 사람들을 이른다. 부캐는 직장 일과 조금 다르다. 일이지만 놀이이며, 놀이라지만 가끔 돈도 번다. 하고 싶은 일이며 내가 잘하는 일이다. 직장에서 버는 수익보단 덜하지만, 성취감만큼은 훨씬 크다.

우리나라만 그렇지 않다. 캐나다는 이미 부캐가 일상화되었다. 평균 오후 2~3시면 직장에서 일을 끝마친다. 월급이 넉넉하진 않다. 그래도 그 정도 수입이면 먹고살 만한 선진국이다. 여유 시간도 넉넉하다. 부캐, 투잡러에 딱 좋은 환경이다. 남는 시간을 자신과 타인을 위해 마음껏 활용한다. 살아가야 할 이유가 단단해진다. 캐나다는 OECD 36개국 중 2023년 국가별 행복 순위 13위다. 핀란드, 덴마크 등 북유럽 국가보단 못하지만, 미국(19위), 한국(34위)보단 월등하다.

은퇴는 인류가 고안한 가장 특별하고 멋진 발명품이라고 한다. 이제 드디어 내가 하고 싶은 일을 해도 되는 시기다. 남 눈치볼 필요 없는 삶이다. 그런데 이미 늙었다. 힘도 부친다. 남은 시간도 불투명하다. 그래서 부캐가 나왔다. 은퇴 연습이다.

초점 하나로는 부족하다. 내가 살아가야 하는 시간을 위해 초점이 하나 더 필요하다. 그래야 타원처럼 순환한다. 타원은 지구가 태양을 공전하는 길이다. 달이 지구와 함께했던 궤적이다. 태양계 행성과 항성이 어울려 공존하는 원리다.

타원은 초점이 두 개다. 남 눈치보듯 자기 눈치도 보라는 뜻이다. 그대와 영원히 함께하는 유일한 벗, 그대 자아에 초점이 있다. 그리고 남은 하나는 가족을 위해 남겨두자. 두 초점으로 만들어진 자취는 둥그스레 같이 살아가는 길이 된다.

좌표평면에서 타원을 이동시켜야 할 때가 있다. 타원은 도형이다. 평면 세상의 주인공이다. 타원이 움직일 필요 없다. 원점을 이동시켜야 한다. 원점은 좌표평면 초점이다. 그리고 좌표평면은 카메라 사각이다. 주인공인 타원이 아니라 카메라를 움직여야 한다. 타원 이동 계산식에서 이동 거리를 타원 초점에서 빼는 이유다.

$$\frac{(x-x_0)^2}{a^2} + \frac{(y-y_0)^2}{b^2} = 1$$

혹시나 타원 이동 정의식은 더하고 계산식은 뺀 부분이 이상해 보일까 봐 주석을 달아본다.

타원은 이동하지 않는다. 이동할 값을 빼면 원점이 움직인다. 카메라인 원점 위치가 바뀐다. 태양을 도는 지구 타원 궤도 역시 움직이지 않는다. 관측자 카메라 시점만 이동할 수 있다.

세상에 흔들릴 이유 없다. 흔들리고 움직이는 건 타원 속 그대가 아니라 원점인 세상이다. 그대가 가진 초점을 기준으로 균형 있게 순환하면 될 일이다. 아침이 오고 밤이 되는 과정이다. 그대가 매일 살아가는 날들이다. 타원 모양 갓 구운 빵처럼 따스하고 구수한 삶이다.

71
쌍곡선

준선(準線)을 사이로 서로 마주보는 두 포물선을 쌍곡선이라고 한다. 둘 다 포물선이니 초점도 둘이다. 준선을 가운데 두고 두 초점이 자리한다. 준선을 수평선으로 견줘 본다면, 초점은 태양이자 달인 셈이다. 물 표면이 하늘을 비추듯 준선을 사이로 초점이 비친다. 거울처럼 마주본다. 나인 듯하지만, 또한 내가 아니다. 어느 쪽이 진짜인지도 모호해진다. 준선은 상하좌우가 따로 없어서다. 1990년대 유명했던 칠성 사이다 광고 카피 "어느 것이 하늘이고 어느 것이 물빛인가!"와도 같은 상황이다.

쌍곡선은 두 초점을 기준으로 준선을 마주보며 그려진 자취다. 준선을 두고 똑같은 거리에 쌍곡선 초점이 각각 자리한다. 하나는 왼쪽, 다른 하나는 오른쪽에 있다. 혹은 하나는 위에, 다른 하나는 아래에 있다. 좌표평면을 뒤집으면 왼쪽이 오른쪽이 된다. 위가 아래가 된다. 말 그대로 전복된다. 한쪽 포물선 자취 한 점에서 쌍곡선 두 초점까지 거리를 잰 값은 언제나 일정하다. 다른 하나가 있기에 나머지 곡선이 존재할 수 있다. 서로의 자취가 닮을 수밖에 없다. 초점과 입장은 달라도 자취는 닮아 있다. 좌로 가면 우로 가고 우로 가면 좌로 가지만, 다 더해 보면 같은 일이다. 라면 끓일 때 스프를 먼저 넣든 면을 먼저 넣든 결국 라면이 되는 셈이다.

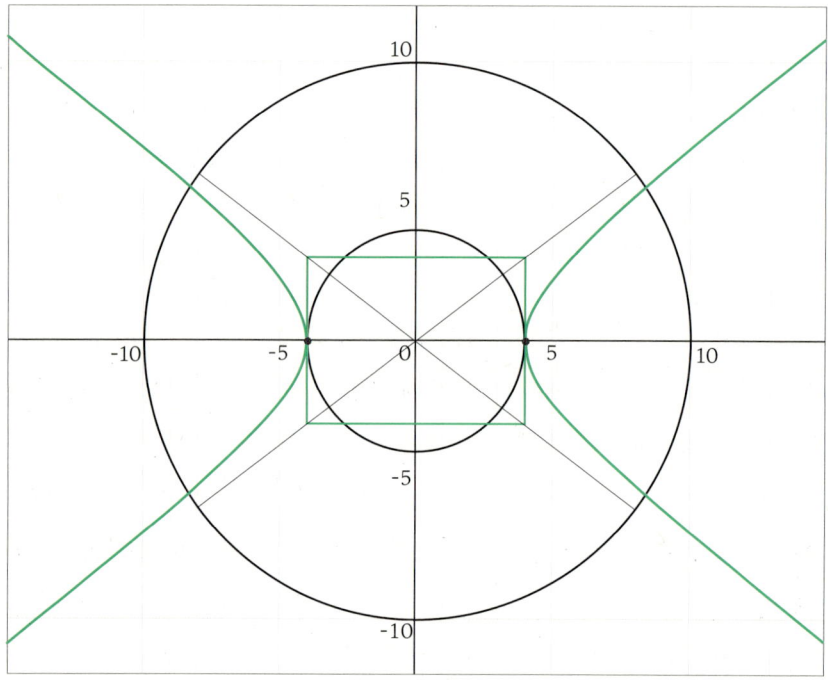

$$\frac{x^2}{a^2} - \frac{y^2}{b^2} = 1$$

식을 가만히 보면 원이 보인다. 쌍곡선 사이에 삼각함수가 들어 있다. 사인, 코사인, 탄젠트다. 쌍곡선 양 초점간 거리를 지름으로 하는 원이다. 쌍곡선 두

꼭지점 사이에 사각형도 넣어 볼 수 있다. 삼각, 사각, 원으로 이어지는 다각형 공간이 쌍곡선 사이에 있다. 결국 공간이다. 두 자취가 공간을 두고 연결되어 있다. 나를 반추하는 누군가이다.

  적과 나는 바람이 같다. 이겨 먹어야 한다. 나와 상대방도 마찬가지다. 공간 속에서 일정한 거리를 두고 서로 마주본다. 그를 적이라 부르든 남이라 부르든 결국 나를 비추는 누군가이다. 내가 있기에 존재하는 자취다. 혹은 그가 있기에 내 자취도 그려진다.

  삶이 힘든 우리다. 관계가 그중 제일 어렵다. 으르렁대며 바라보는 상대방에 서럽고 화도 난다. 그래도 어쩌랴! 내가 있어 그가 있을 뿐이다. 나 역시 그 덕에 사는 셈이다. 서로가 쌍곡선이다. 그래도 잊지 말자. 쌍곡선은 상하좌우가 전복될 수 있다. 평면을 뒤집고, 돌리면 된다. 인류가 늘상 해오던 일이다. 제국이 멸망하고 패권이 바뀐 역사를 말한다. 정권이 교체되고 시류가 변화되는 세상사다. 바닥이 하늘 되고 그늘이 빛이 되는 인생이다.

  좌표평면은 카메라다. 달리 보면 행성이다. 내가 항성이 되면 평면이 지구가 공전하듯 회전한다. 때가 온다. 그때까지 수학을 초점으로 인생 자취를 그려보자. 떠오르는 해가 그대니 반짝이는 별도 금방 손에 잡힐 테다.

72
벡터와 스칼라

연극이 시작됐다. 무대 주인공은 벡터와 스칼라다

스칼라 : (반가운 목소리로) "이봐 벡터."

벡 터 : (경계를 품으며) "왜 그런가 스칼라."

스칼라 : (꿍꿍이가 있는 듯) "자네 어디로 가는 건가."

벡 터 : (약간 심술 궂은 목소리로) "보면 모르나?"

스칼라 : (멋쩍은 듯 은근슬쩍) "아 거기 쓰여 있구먼. 미안허이."

벡 터 : (약간 비꼬는 듯) "근데, 스칼라 자네 힘 좀 있나?"

스칼라 : (어이없어하는 표정으로) "허허, 보면 모르나?"

벡 터 : (무안을 주듯) "아, 거기 쓰여 있구먼. 나만 힘 좀 있나 싶어서 물어봤네. 나도 미안허이."

막이 내린다. 관객들은 여전히 어리둥절하다. 벡터와 스칼라가 나와서 방향과 힘의 세기를 서로 물어보다 끝이 난다. 예술은 느낌 그대로 받아들여야 한다지만, 엉뚱해 보인다.

그래도 문화생활이니 참자. 예술은 느낌 그대로 받아들여야 한다. 다만, 수학이라면 이해가 우선해야 좋다.

수학으로 해석해 보자.

먼저 스칼라다. 아까 힘이 좀 세냐는 물음에 '보면 모르냐'는 답을 했다. 스칼라는 힘을 숫자로 나타낸다. $10kg$이 스칼라다. 무게가 되기도 한다. $100m$가 스칼라다. 거리도 이처럼 표현된다. 그러니까 보면 모르냐는 대답이 맞다. 고양이한테 고양이가 맞냐고 묻는 셈이다. 보는 그대로다.

저 연극에서 벡터는 스칼라에게 화가 좀 나 있다. 자존심이 있어 보인다. 벡터는 그래도 된다. 힘과 방향 모두 가지고 있다. 좀 산다. 차 있고, 집 있는 오빠다. '감히 스칼라가 나에게 방향을 물어?'라며 퉁명스럽다. 벡터는 끼리끼리 모인다. 벡터끼리 합할 때도 있다. 방향과 힘이 모인다. 서로 빼 볼 때도 있다. 방향이 바뀌고 힘이 준다.

【 벡터 합 】

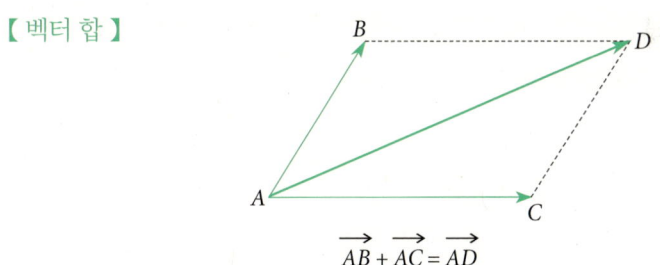

함께 끌고 힘을 모으니 더 길게 더 높이 나가는 꼴이다. 벡터가 합해지니 힘이 모이고 뜻이 하나가 된다. 내 생각 따로 그 사람 생각 따로지만, 하나로 합해지니 더 나은 방향, 더 좋은 결과로 모인다. 여기로 갈지 저기로 갈지 서로 우왕좌왕하다가도 마음 맞춰 한 길로 전진한다.

【 벡터 차 】

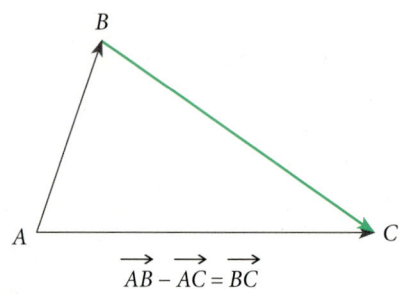

$\overrightarrow{AB} - \overrightarrow{AC} = \overrightarrow{BC}$

벡터끼리 서로 빼 본다. 상대방에게 다가가는 일이다. 나만 보지 않고 상대편도 보니 서로 만나야 할 방향이 정해진다. 싸우고 화해하는 셈이다. 내가 먼저 하는 사과다. 다정한 말 한마디 우선 건넨다. 토라진 마음도 금세 풀어진다. 다가가는 용기다. 그러려면 빼내야 한다.

내 생각을 덜고 내 이득도 빼 보면 다가갈 방법이 보인다. 나만 억울할 텐가? 그도 울화가 치밀 테다. 화해하는 법이다. 방향을 틀고 힘을 덜어 함께 살아가는 방법이다. 내 주장도 꺾어보고 내 자존심도 덜어본다. 각자 갈 길 가는 듯했는데, 덜고 빼 보니 다시 만난다. 벡터는 방향과 힘이 있는 삶이다. 협력과 화해로 함께 살아가는 우리 모두다.

73
벡터 내적

초등학교 다닐 때의 일이다. 벽에 이렇게 쓰여 있었다.

"좌로 열 보 가시오."

가 보니 전봇대에 또 이렇게 쓰여 있다.

"앞으로 열 보 가시오."

선물이라도 있다고 생각했는지 시키는 대로 했다. 역시나 맞은편 담벼락에 감춰 놓은 상품이 있었다.

"똥 밟았음."

친절한 문구였다. 수수께끼가 풀렸다. 황망했지만, 재밌었다.

지금과 달리 개들이 거리를 줄 없이 활보해도 뭐라 하지 않던 때였다. 잡종견들이 눈치 안 보고 여기저기 방뇨·배변했다. 아이들도 급하면 길가에서 용변을 해결하곤 했다. 나무랄 시간도 없이 바빴던 시절이었다. 읍내에서 떨어진 부락 마을 길바닥엔 종종 소, 닭, 나귀, 개 그리고 사람 용변이 모여 서로 크기를 자랑했다. 즐거운 추억을 나누려 꺼낸 이야기만은 아니다. 평면벡터 이야기다.

이 벡터는 성분을 두 개 가지고 있다. 좌우, 그리고 전후다. 좌표평면을 활보하는 벡터기에 그렇다. 방바닥, 길바닥, 시장 바닥 모두 평면이다. 좌우 또는 전후로 방향과 크기가 정해진다. 평면 동네 여기저기 휘젓는 골목대장이 벡터다.

시골 마을 잔칫집엔 온 동네 사람 한데 모여 먹고 마시며, 춤추고 노래했다. 사람들만 북적거리지 않았다. 집 앞 마당엔 건넛마을 바둑이들, 옆 동네 멍멍이들이 서성이며 밥 달라고 왈왈거렸다. 건넛마을 바둑이는 음식 냄새를 맡자마자 다리 건너 내달려 잔칫집을 찾아왔다. 옆 동네 멍멍이는 바둑이 짖는 소리에 논두렁을 가르며 한걸음에 달려왔다.

이 잡종견들이 잔칫집 찾아온 자취가 벡터다. 밑변을 좌우, 높이를 전후로 보면 이들이 내달린 빗변이 벡터 방향과 크기다. 평면에서 벡터는 좌와 우, 전과 후, 두 개의 성분을 가지기 때문이다.

뒷산 참새들도 이날 식객이다. 부스러기 쪼며 여기저기 날아다닌다. 잔칫집 막내 아이가 참새 잡으러 뛰어간다. 열 발도 닿기 전, 새들이 우습다는 양 날갯짓해 감나무 위에 앉는다. 참새 쫓던 일곱 살 아이는 애먼 감나무에 대고 막대질한다.

이 참새들이 나무로 날아간 방향도 벡터다. 평면보다 한 차원 높다. 좌우, 전후에 더해 위와 아래가 참새 벡터 성분이 된다. 4차원 귀신 벡터는 어떨까? 귀신을 본 적 없으니 이 글에선 언급 않겠다. 상상은 각자 해보길 바란다.

잔칫집 마당 구석에 아이들이 모여 흙장난을 치고 있다. 젓가락 한 개를 땅에 꽂아 세운다. 마침 정오다. 조금 비스듬히 세워졌는지 그림자가 드리운다. 똑바로 세우니 태양과 일직선이 되어 그림자가 없다. 딱 맞췄다.

옆 친구가 살짝 젓가락을 건든다. 똑바로 세운다고 젓가락 잡고 아옹다옹하는 모습이 재밌나 보다. 아이들끼리 화내고 깔깔댄다. 젓가락이 넘어지진 않았다. 다만, 아까보다 좀 더 뒤로 처져 있다. 반대편으로 그림자가 드리운다.

별일 아닌 아이들 장난에 벡터 내적이 작용한다. 젓가락이 앞으로 기울었는지 똑바로 섰는지 뒤로 젖혀졌는지 내적만 구하면 금방 알 수 있다.

땅바닥 벡터와 젓가락 벡터 크기를 내적한 값이 0보다 크면 앞으로 기운 거다. 0과 같으면 땅과 젓가락은 수직이다. 0보다 작으면 좀 뒤로 젖혀진 셈이다.

땅 벡터를 기준으로 삼자. 젓가락이 앞으로 기울었다는 말은 땅 쪽으로 어느 정도 방향이 잡혀 있다는 뜻이다. 꼭대기 하늘로 향하기도 하지만, 땅 쪽으로도 조금은 방향을 잡고 있다.

젓가락이 땅으로 향한 방향만 따로 떼서 땅 벡터 크기와 곱한다. 층층이 쌓아 본다. 네모가 나온다. 그래서 내적이다. 젓가락이 수직이면 땅으로 기움이 하나도 없는 셈이다. 0이다. 땅 벡터가 아무리 커도 0과 곱을 하니 0이다.

젓가락이 땅 쪽으로 누워 기울면 허수가 나온다. 음수값이다. 젓가락 꽂힌 곳에서 우측이 땅이고 좌측은 물웅덩이다. 땅과 방향이 다르다. 허수로 뒤로 기운 모습을 설명할 수 있다.

젓가락 길이를 반지름으로 하는 원을 상상해 보자. 땅은 x축이 되는 셈이다. 젓가락이 기우는 모습마다 x축 길이가 달라진다. x축은 코사인으로 구해진다. 수직으로 서면 거기가 x축 0점이다. 뒤로 누우면 x축 음수 영역이 된다.

왜 내적을 구할까? 복잡하게 기준 벡터의 크기와 다른 쪽 벡터 중 기준 벡터로 향한 크기만 따로 재서 곱을 하는가 말이다. 내적은 공간이다. 이 공간은 커질 수도 있고 없을 수도 있으며, 허수로 존재하기도 한다. 공간은 입장과도 비슷하다. 나든 상대방이든 기준을 잡고 서로 입장을 맞대어 본다.

수직은 합쳐지는 부분이 없다. 입장이 다르다. 서로가 드리우지 못한다. 마음이 기울지 않는다.

차곡히 쌓이는 값이 생기면 몸과 마음이 기울어진 꼴이다. 그 크기가 클수록 서로에게 많이 기운다. 함께한 추억처럼 쌓여간다.

허수로 쌓이는 값은 나에게 기운 마음이 아니다. 시작은 나였지만, 기운 상대는 다르다. 친구의 친구를 사랑해 버린 그 녀석이다.

내적을 사용하면 관계를 잴 수 있다. 서로에게 기울어진 자취를 발견한다. 그림자처럼 드리운다. 결국, 내적은 관계. 그 크기와 방향이 공간으로 드러난다.

세상살이 너무 꼿꼿하면 힘들다. 조금은 삐딱해 보자. 기대 보는 거다. 그래야 관계가 생긴다. 함께할 공간이 만들어진다. 서로 기대고 함께할수록 내적이 커진다. 내적(inner product)은 내재(inner)된 무언가를 밖으로 내오는(pro) 행위(duct)다. 사랑이 쌓였다면 사랑한다는 고백이다. 내적 최댓값은 큰 쪽 벡터 크기의 거듭제곱이다. 한 편으로 완전히 기울어질 때 발생한다. 첫눈에 반한 그녀다. 사랑스런 낭군이다. 결혼으로 완전한 하나가 된다. 부부 일심동체로 잘살게 된다. 기준이 누가 됐든 서로 기대며 살아간다. 부모님이 내적한 덕에 우리가 세상에 태어났다. 이제 우리가 내적할 차례다. 거듭제곱 크기이길 기대한다.

74
벡터방정식

40여 년 전 우주를 향해 발사된 무인 탐사선이 있었다. 1977년에 1호, 2호 두 기가 연달아 항해를 시작했다. 그들이 항해한 궤도는 평행했나 보다. 1호는 2012년 우리은하 공전면 위쪽을 통해 태양계를 벗어났다. 2호는 2018년 태양계 말단을 거쳐 다른 은하로 향했다. 지금 이 순간도 평행한 벡터방정식 궤도를 타고 우주를 항해하고 있을 테다.

해왕성은 태양계 마지막 행성이다. 우리가 그곳에 있었다면 행성에 다가오는 탐사선을 보는 시각으로 벡터 크기를 재볼 수 있다. 얼마 시간이 지난 뒤 해왕성을 지나 태양계 저편을 향해 날아가는 탐사선을 보는 시각으로도 벡터 크기를 구할 수 있다. 이 두 벡터를 뺀 게 다른 은하로 향하는 우주 탐사선의 벡터방정식이 된다. 시간의 지평선에 닿아 더 이상 우리에게 아무런 영향을 줄 수 없을 때까지 연결된 길이다.

처음 본 뒤 시간을 두고 다시 바라본다. 그가 지나간 자취로 시선이 바뀐다.

시간 차이다. 아니 시각 차이다. 그가 가는 길이 선명하다. 어디로 갈지 분명히 그어진다. 나에게 오려는지 나를 지나치려는지 알게 된다. 시간을 두고 시각을 바꾸며 바라본 탓이다. 첫인상, 첫 느낌에 휘둘리지 않는 법이다.

x와 y에 관한 방정식 안에는 무한한 사건이 담긴다. 그 사건을 함께할 수 있는지 가늠하려면 시간과 시각을 바꾸며 바라봐야 한다. 서둘 필요 없다. 한 곳만 봐도 안 된다. 상대방 입장이 되어 봐도 좋다. 나를 보는 시각도 바꿔 보고, 나에 대한 시간도 가져 봐야 한다. 나 스스로도 어디로 향하는지 알아야 할 터다. 그 길이 함께 가는 길이 아니라면 살짝 궤도를 바꿔도 본다. 차이를 내 보고 합해도 보면 함께할 방법이 있을 게다.

방정식과 달리 우리에겐 무한한 사건이 있을 수 없다. 수명이 있기 때문이다. 사는 동안이 우리 테두리다. 태어나 죽을 때를 원으로 그리고 그 반경으로 이 길 또는 저 길로 가 보는 궤도다.

원 안에 있으니 삼각함수 관계가 만들어진다. 자존심(sin), 배려심(cos), 욕심(tan)이 어우러진 비율이다. 한 점에서 시작해어 여기서부터 저기까지 바라본 결과다. 콧대 높았거나 품이 넓었거나, 어울려 산 테두리다. 어디로 향해도 됐을 인생을 꼭 그 길로만 간 고집만 남는다. 그마저도 원이다. 둥그러니 회전한다. 똑바로 간 길인데 돌아가는 인생이니, 굴곡진 삶이 되었다. 그러니까 괜찮다. 그럴 수밖에 없다. 윤하 가수님 노래처럼 사건의 지평선이다. 더는 닿을 수 없는 인연이 되는 인생길이다.

그래도 가 보자. 방향과 크기를 남의 시선에 두지 말자. 테두리도 내가 키우고, 방향도 내가 정해 보는 거다. 벡터방정식 공식처럼 인생 중심이 바로 그대다. 그대로부터 시작된다. 무한한 사건 속에서 그대와 함께 갈 반려가 분명 존재한다.

  서두에 이야기한 우주 탐사선 이름은 항해라는 뜻인 '보이저'다. 다시 만날 순 없지만, 같은 길을 가므로 우리 또한 보이저다. 우주 중심이 있다면 함께 항해하는 지금 이곳이 될 테다.

75
공간과 도형

　도형은 고체다. 고체에 에너지를 가하면 액체가 된다. 액체 역시 열과 압력 등이 더해지면 기체로 바뀐다. 기체마저 강한 열을 통해 플라스마 상태로 변한다. 이 마지막 단계에선 기체가 이온과 전자로 분리된다고 한다. 이온은 양전하(+), 전자는 음전하(-)의 전기적 성질을 가지고 있다. 얼핏 고체에서 액체, 기체, 플라스마로 물질이 변한 듯 보인다. 하지만 이 변화를 거치려면 단계마다 많은 에너지가 필요하다. 라면을 예로 들어 보자.

　가스불이나 구공탄 없이는 김 폴폴 나는 라면을 요리할 수 없다. 물이 팔팔 끓어 김이 날 때까지 시간과 에너지가 투입된다. 철은 약 1,538℃에서 녹는다고 한다. 자연 상태에선 쉽지 않다. 의도해야 한다. 용광로에 가해지는 막대한 열에너지가 철을 쇳물로 녹인다. 기체에서 플라스마로 변화시킬 때는 그보다 더한 열에너지가 필요하다.

　우주 탄생 이론을 보면 물질 형성 과정이 빅뱅부터라고 설명한다. 빅뱅 이후 플라스마인 이온과 전자가 만들어졌다. 지금도 우주를 구성하는 99%는 플라스마라고 한다. 이들이 서로 엉겨 원자핵이 만들어지며 기체 가스가 되었다. 이후 수없는 시간이 지나서 물렁물렁한 액체 상태를 거친다. 그리고 단단한 행성이 되었다. 백두산도 한라산도 액체 상태의 지구 흔적인 마그마가 분출되어 만들어진 산이다.

그러니까 변화의 추이는 빅뱅부터 플라스마, 기체, 액체, 고체가 맞다. 자연스럽다. 철은 계속 철이다. 녹이 슬어도 철이다. 녹마저도 고체다. 특정한 힘이 가해지지 않는다면 고체는 영원히 고체다. 고정된다. 변화 없다. 다시 말해 미분 불가능하다.

도형은 고체다. 평면으로 이루어져 있다. 면은 변화율이 0인 공간이다. 면의 기울기는 끝과 처음이 모두 똑같다. 면은 서로 다른 3개의 점으로 이루어진다. 평평하든 기울든 이 세 점을 테두리로 그 안에 무한한 점이 찍히겠지만, 그 변화율은 0이다. 궁금하다면 단단한 합판 위 끝이든 가운데든 그 사이든 구슬을 올려놓고 기울여 보라. 기울인 쪽으로 굴러떨어진다. 평면 위 모든 점이 가진 벡터 방향이 똑같다. 다른 말로 벡터 변화가 없다. 미분 불가능하다.

그러면 액체는 미분 가능할까? 출렁거린다. 순간 변화율이 매 순간 생긴다. 기체, 플라스마는 인간 시각으론 쫓기 어려울 만큼 강렬히 변화한다. 부정적분 세계다. 고차원 공간이다.

평면을 휘면 곡면이 된다. 그 곡면조차 수많은 평면의 연속이다. 미시 세계 삼각 구조 평면으로 연결되어 있다. 그래서 3D 게임 캐릭터는 세 점으로 된 평면, 즉 버니컬이 모인 형태다. 우리나라 전통 문양은 일정한 패턴으로 무한히 채워진 형태가 많다. 다른 나라도 마찬가지다. 이를 평면기하학에선 테셀레이션(tessellation)이라고 한다. 아무리 복잡한 공간 형태라도 세 점으로 만든 삼각형으로 평면을 가득 채울 수 있다.

원 내각을 4등분할 때 직각이 만들어진다. 벡터 내각 정의에 의하면 직각은 두 벡터가 있어야 존재한다. 원점과 두 벡터로 총 세 개의 점이 만들어진다. 직각삼각형이라는 평면이다. 이 삼각형 빗면을 벡터로 봤을 때 빗면 한 점에서 원점으로 향하는 수직 벡터가 존재한다.

이 위에 평행하게 떠 있는 평면이 있다고 하자. 원이고 사등분되었으며, 직각삼각형이 존재한다. 아래 직각삼각형 원점과 수직인 벡터가 시작된 한 점에서 위 평면 원점 방향으로 벡터를 만들자. 이 역시 직각이 된다. 원점이 평행하게 존재하기 때문에 원점과 원점을 이은 점과 평면도 수직이 된다. 이 공간을 직육면체라고 한다. 그리고 직각을 이루는 관계를 삼수선이라고 한다. 삼수선 관계가 성립되는 공간 도형은 직육면체가 된다.

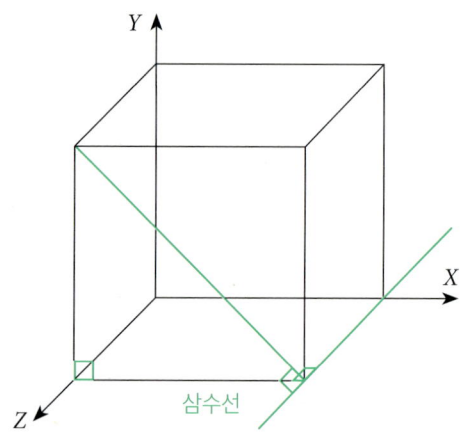

2차원 도형 삼각형 경계 속에서 맺어진 관계가 피타고라스 정리다. 3차원 공간 도형 직육면체 경계에서 맺어진 세 개의 수직 관계는 삼수선 정리다. 피타고라스 정리와 마찬가지로 두 개의 관계가 성립된다면 나머지 하나는 당연히 성립한다. 투 플러스 원(*two plus one*)인 셈이다.

태초에 창조가 있었다고 한다. 그리고 양전하인 빛과 음전하인 어둠이 생겼다고 한다. 그 뒤에 물과 물로 나뉘었고, 이윽고 물이 한곳에 모이고 뭍이 드러났다고 한다. 플라스마에서 기체, 액체, 고체로 미분하는 창조 순서다.

동양에서 15세기경 왕양명이란 학자에 의해 양명학이 창시되었다. 심즉리(心卽理), 치양지(致良知), 지행합일(知行合一)을 따른다. 글자대로만 해석한다면 심즉리는 마음이 곧 이치라는 뜻이다. 치양지는 양지(이치)에 도달하라는 말이며, 지행합일은 앎과 행동을 함께한다는 의미다. 각 문장 속 이치(理致), 양지(良知), 지(知)는 모두 지혜를 말하는 이음 동의어다. 문장에 통일성을 부여해 이치, 양지, 지를 간단히 지혜로 치환해 보자.

심 즉 리(心卽理)   - 지혜에 마음을 다하고
치 양 지(致良知)   - 지혜에 정성을 다하고
지행합일(知行合一) - 지혜에 힘을 다해라

수학은 지혜를 배운다는 그리스어 *mathesis*에서 유래했다. 지혜에 마음을 다하고 정성을 다하고 힘을 다함이 곧 수학하는 삶이다. 양명(陽明)이란 볕이 든 듯 밝다는 뜻이다. 쨍하고 해 뜰 날이다. 수학이 쨍이고 지혜가 해이며, 그 빛이 비추는 공간 도형이 양지다. 그 무엇도 미분할 수 없는 굳은 의지로 한 삶 살아가는 그대다.

76
전개

봄날 오후 벚꽃나무 아래 그림자가 드리운다. 빛과 벚나무가 만난 흔적이다. 빛은 나무 위에서 내리쬔다. 태양이 움직이지 않음을 고려해 보자.

빛 벡터는 일정하다. 초당 지구 일곱 바퀴 반 도는 속도로 한 방향으로만 향한다. 석양도 일출도 지구가 움직여 만들어진 현상이다. 빛 벡터를 수직으로 놓고 물체를 회전시키자. 복소수를 사용하면 가능하다.

정오는 태양이 지상과 90° 수직 방향에 떠 있는 듯 느껴진다. 태양이 움직이지 않는다는 사실을 반영해 보자. 태양은 0°이고, 바닥이 수직인 상태다. 이때 마당 한복판에 나무젓가락 하나를 꽂아놓고 그 그림자를 살펴보자. 젓가락이 위치한 자리는 태양이 내리쬐는 각도 그대로이므로 0도다.

해가 뉘엿해지는 저녁 시간으로 다시 가 보자. 태양이 60° 위치에서 내리쬐는 듯 느껴진다. 하지만, 아니다. 물리학상 태양 위치는 그대로다. 지구가 공전하며 자전했다. 마당이 기운 셈이다. 지면이 90°에서 30° 정도 회전했다. 즉, 각이 변화했다. 삼각함수로 이 변화를 계산할 수 있다.

삼각함수는 비율이다. 반지름이 1인 원에서 원점과 호까지 직선을 긋는다고 생각해 보자. 수직, 수평 또는 그 사잇각이 생긴다. 빗변을 기준으로 직각삼각형을 그려 본다. 각이 바뀌어도 빗변은 그대로다. 다만, 직삼각형 높이와 밑변은 변화한다. 사잇각이 변할 때마다 재어 놓은 높이 값이 사인(sin)이다. 코사인(cos)은 밑변 변화를 기록한 값이다.

따라서 아래와 같은 비례식이 성립한다. 빗변이 $100m$이고 지면에서 $45°$ 각으로 쌓은 이집트 피라미드의 높이와 밑변을 구하는 식이다.

$1 : \sin 45 = 100 : y$

$1 : \cos 45 = 100 : x$

이집트는 너무 머니, 다시 젓가락 꽂아놓은 집 안마당으로 가보자. 태양이 그대로이므로 지상이 $30°$ 회전했다. 정사영(正射影)은 평면에 그려진 도형이다. 여기에서 평면은 지면이 된다. 지면은 밑변이므로 코사인(cos)으로 비율 계산된다. 젓가락 길이를 빗변으로 보고 기울어진 각에 준하는 코사인(cos) 비율을 곱한 게 젓가락 정사영이다. 뉘엿해진 해로 드리워진 그림자다.

도형은 평면으로 만들어진 입체다. 삼차원 세계다. 전개도는 도형을 좌표평면에 낱낱이 풀어 놓는다. 분리수거하기 위해 직육면체 박스를 해체하는 일과 같다. 전후좌우 상하, 그리고 겉과 속이 평면에 펼쳐진다. 박스 뒤와 밑에 있어 감추어져 있던 평면이 드러난다. 도드라져 전부인 줄 알았던 전면도 그저 한 평면이 된다. 있는 그대로가 보인다. 날것이다. 처음 시작된 자리다.

살다 보면 수심이 드리운다. 인생 저물어져 간다고 느낄 때다. 하지만 우리는 정사영이다. 행복은 뜨거나 기움 없이 늘 그 자리다. 우리가 기울고, 우리가 변하는 셈이다. 복소수를 아는 우리다. 얼마든지 행복을 향해 나를 회전시킬 수 있다. 매시가 정오고, 매일이 한낮이 된다. 수심이 드리울 각이 안 나온다.

우리 모두는 고차원 입방체다. 그런데 보는 시각에 따라 한 면만 보게 된다. 교만하거나 낙심하기 쉽다. 전개도로 펼쳐 봐야 한다. 있는 그대로 보는 일이다. 가려진 면이 되레 멋지다. 도드라진 면이 다가 아니게 된다. 전개된 나를 다시 접어 살짝 돌리거나 뒤집어도 보자. 못 보던 내 모습이 나타난다. 주사위를 굴리는 일과 같다. 큰 숫자가 필요할 때도 있고, 작은 숫자가 최고가 될 때도 있다. 기준을 정해 굴리기 나름이다.

럭키 세븐을 원하는가? 1부터 6까지 주사위 하나로는 모자라니 당황할 수 있다. 방법은 쉽다. 주사위 하나를 더해 함께 굴리자. 럭키 세븐이 안 나올 리 없다. 행복은 태도에 따라 그대로 투영된다. 행운은 함께할 때 반드시 만난다. 이 두 가지는 오징어 게임 같은 이 세상의 필승 전략이다. 건투를 빈다.

77
공간 좌표와 공간 벡터

1. 공간 좌표

　데카르트 평면은 2차원이다. 우리가 사는 세상 한 면을 보여준다.

　평면 좌표는 X축과 Y축 어느 한 점에 있다. 공간 좌표는 이보다 한 차원 많은 Z축이 더해진다. 평면도 추가된다. XY 평면, YZ 평면, ZX 평면 셋이 모인다. 삼점, 삼면, 삼차원이다. 평면 두 점 사이 거리는 피타고라스 정리를 따른다. 공간 두 점 사이 거리도 마찬가지다. Z축 성분만 추가될 뿐 구하는 식은 동일하다.

　내분은 무릎과 무릎 사이 배꼽 위치로도 설명된다. 오른 무릎에서부터 거리를 잰다. 왼 무릎을 기준해도 마찬가지다. 배꼽이 내분점이

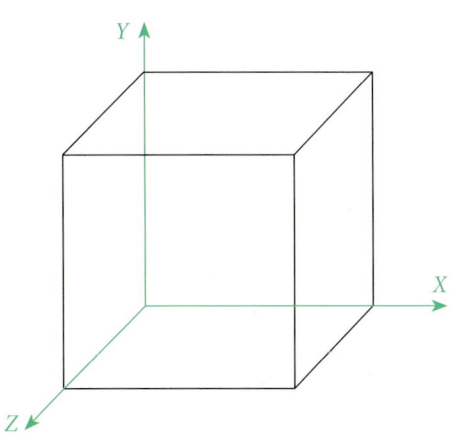

되어 무릎 사이 경계를 나눈다. 좌표평면 내분 공식에 Z축 성분만 추가하면 공간 좌표에서 내분점이 구해진다.

외분은 등산과 비슷하다. 정상에서 내가 올라온 길을 내려다볼 때 얼마만큼 올랐는지 알 수 있다. 등산로 입구를 0으로 보고, 내가 올라온 거리를 2로 보자. 얼만큼 올라가면 정상이냐고 물으니 온 길 두 배는 더 가야 한다고 한다. 입구에서 정상까지 총거리는 6이다. 현재 위치에서 외분 비율은 1:2다. 힘들여 2만큼 올라왔지만, 4만큼 길을 더 가야 한다. 내가 올라온 거리가 정상에 가까워질수록 외분 좌항은 커지고 우항은 작아진다. 정상에 다다르면 우항은 사라진다. 목표에 닿았기 때문이다. 그래서 비율이다. 공간 좌표 내·외분점 역시 Z축 성분만 추가하면 구할 수 있다.

우리 뇌는 삼차원 세계를 이미지로 투영한다. 뇌는 사물을 빛으로 해석한다. 빛은 파장이다. 빨주노초파남보 서로 다른 파장을 가진 빛이니 말이다. 긴 파장과 짧은 파장이 생긴다. 먼 데 있는 풍경이 흐릿하게 보이는 이유다. 원경은 파장이 먼 탓에 초록과 남색으로 보인다. 새빨간 태양도 석양이 질 때면 주황과 노랑에 가깝다. 파장은 여기와 저기 사이의 경계이다. 멀고 가까움에 대한 비율이다. 결국 변화한다. 낮이 밤 되는 일이다. 해가 뜨고 지는 날이다.

내분과 외분 모두 그대가 정할 수 있다. 적당한 거리를 원한다면 중점으로 내분하면 된다. 성공을 멀리 놓고 외분하면 지치기 십상이다. 내일이 외분점이라면 오늘에 가깝게 놓아 성취를 맛보자. 하나씩, 한 걸음씩, 하루씩만 놓고 좌표를 정하자. 관계에 자유롭고 행복에 가까운 공간 좌표다.

2. 공간 벡터

공간 벡터를 처음 만난 날을 기억한다. 게임을 개발해 보겠다고 처음 산 책에

서였다. 벡터, 행렬연산, 복소수, 사원 수 등 처음 보는 내용이었다. 무턱대고 외웠다. 코드를 보고 따라 쳤다. 반복 또 반복이었다. 책에 쓰인 코드를 그대로 입력해도 에러가 나기 일쑤였다. 오타가 있거나 참조해야 할 파일을 빼먹는 경우가 다반사였다.

수십 차례 시도한 끝에 정육면체가 스크린에 나타났다. 공간 벡터가 행렬연산을 하며 회전하고 있었다. 하지만 책에 있는 코드를 가져다 실행했을 뿐이니 원리를 알 턱이 없었다. 그나마 돌아가니 다행이었다. 그렇게 몇 년을 하다 보니 감이 생겼다. 이러면 이렇구나 저러면 저리되겠구나 알 수 있었다.

다 알고 시작했으면 좀 더 편했으리라. 고등학교 수학 시간에 졸지 않았더라면 이 고생을 면했으리라. 사실 이런 가정은 다 환상이다. 실제 일어난 사건이 아니기 때문이다. 지난 선택과 비교할 방법이 없다. 그저 가야 할 길을 갔고 벽에 부딪혔으며, 어떻게든 넘었다. 계획한 일이 아니었고 꿈과도 먼 일이었다. 먹고살다 보니 그렇게 되었다. 그나마 잘하는 일이었으니 붙잡고 했을 뿐이다.

결국, 하다 보면 알게 된다. 그러니까 시작하는 게 가장 큰 힘이다. 알고 해도 되고, 하면서 알아가도 된다. 어떤 방향이든 발걸음을 내디디면 거기가 길이다. 그대 인생 발자취다.

공간 벡터 성분은 평면 벡터에서 Z 성분만 추가된다. 벡터가 가진 방향과 크기라는 성질은 변함없다. 공간 벡터 역시 방향과 크기를 얼마든 조절할 수 있다. 공간을 이동하는 방법도 단순하다. 복

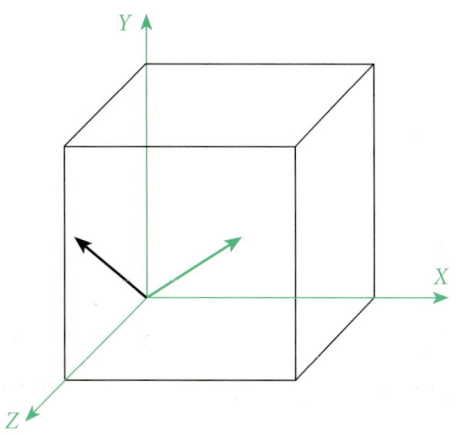

소수 변화를 그대로 따라간다.

　평면 벡터 내적은 두 벡터 간 관계를 말해준다. 내적 값을 통해 서로에게 기운 정도를 알 수 있다. Z 성분이 포함된 공간 벡터 내적에도 이 성질은 그대로 반영된다. 이차원 평면이든 삼차원 입체든 모두 공간이기 때문이다.

　수가 지닌 원리에서 한 치 어긋남 없다. 달리 보이는 이유는 우리가 가진 편견과 오해 탓이다. 수는 진실하고 변함없이 우리와 함께한다. 거짓을 말하지 않는다. 틀리면 틀렸다고 인정한다. 정의하고 증명한다. 친절하며 성실하다. 이런 친구 한 명 곁에 있다면 성공한 인생일 게다.

　수학 교과 과정상 기하는 포물선의 방정식으로 시작해 공간 벡터 성질과 내적으로 마친다. 삶이라는 공간에 갑작스레 내던져진 우리다. 세상에 맞게 변하고 함께 기대며 살아가도록 수학이 안내서 역할을 하고 있다.

　가장 춥다는 동지와 가장 덥다는 하지는 변곡점이다. 이제 변한다는 말이다. 밤과 낮 길이가 같을 때도 있다. 춘분과 추분이다. 동지를 지나 춘분이 온다. 극대인 하지로 가는 미분계수다. 하지를 지나 추분이 온다. 극소인 동지로 가는 도함수다. 그리고 반복이다. 이 변화를 누군가 지켜보고 있다. 그를 중심으로 우리가 공전한다. 그 역시 또 다른 무언가를 중심으로 변화하고 있을 테다. 무한히 부정적분되는 고차원 은하계 어느 편, 우리를 보내신 그분이 계실지 모르겠다. 수학하는 여러분을 축복하리라 확신한다.

　여태껏 다항식 공간 속 관계와 경계에 관한 여행을 함께해주어 고맙다. 앞으로도 계속해 수학과 함께해주길 희망한다.

　그대 눈동자에 희망, 그대 손에 능력, 그대 삶에 지혜를 느긋하게 채우면 된다. 어떤 경우의 수든 수학하는 우리이기에 확률질량함수 합은 1이 될 것이다. 즉 반드시 이루어진다. 그대를 응원한다.

오직 흔들리지 않으시는 유일한 분,
하나님께 감사를 드립니다.
삶의 길목에서 흔들릴 때마다 좌표가 되어 준
사랑스런 아내와 총명한 딸 윤영에게
이 책을 선사합니다.

하루, 수학

초판 1쇄   2024년 5월 27일

지은이   이정훈
발행처   쿠움

06654   서울특별시 금천구 가산디지털1로 168, B동 5층 8호
E-mail   quum@daum.net
Tel·Fax   02 6207 8900
출판등록   2011년 8월 5일 (제321-2011-000151)

ISBN   978-89-98683-04-7 03410

* 잘못된 책은 구입한 서점에서 바꿔 드립니다.
* 이 책에 실린 모든 내용, 디자인, 이미지, 편집 구성의 저작권은 쿠움과 지은이에게 있습니다. 허락 없이 복제하거나 다른 매체에 옮겨 실을 수 없습니다.